Die Weine aus Australien und Neuseeland

FALKEN

Vinoteca

Sabine Rumrich

Die Weine aus Australien und Neuseeland

Faszination Down under

Die Weine aus Australien und Neuseeland üben seit Jahren eine große Faszination auf europäische Weintrinker aus.

Seite 8

Der Weg zum Wein Ihrer Wünsche

Es gibt in Australien und Neuseeland unzählige Rebsortenweine. Lesen Sie, worauf Sie beim Einkauf achten sollten.

Seite 14

Die Weintypen Australiens und Neuseelands

Das Geschmacksspektrum der Weine aus »Down under« ist so vielfältig wie die Regionen, in denen sie wachsen. Reisen Sie mit uns.

Seite 32

Karten der australischen und neuseeländischen Anbaugebiete

Seite 34 u. 36

Auf der Suche nach dem Wein-Paradies

Als ich vor einigen Jahren bei einer Pinot-noir-Verkostung in den Vereinigten Staaten einen Spätburgunder aus Neuseeland im Vergleich mit anderen Weinen dieser Rebsorte probierte, wurde mir anhand der Qualität des Weines schlagartig bewusst, dass am anderen Ende der Welt ein ungeheures Potenzial für diese Traube vorhanden ist.

Die klimatischen Bedingungen »Down under« sind geradezu ideal für den Weinanbau. Die Nachttemperaturen sind recht kühl, und der Herbst ist im Allgemeinen trocken, sodass die Trauben genügend Zeit haben, zur vollen Reife zu gelangen.

Da mich Neuseeland als Land schon lange fasziniert hat und ich auf der Suche nach einem geeigneten Ort war, an dem ich irgendwann einen Teil des Jahres verleben kann, schien mir die Idee, dort Wein anzubauen, geradezu verlockend. Neuseeland liegt auf der südlichen Erdhalbkugel. Ist es bei uns Herbst, fängt dort das Frühjahr an. Wenn es also in Deutschland grau und dunkel wird, beginnt es in Neuseeland zu blühen. Sobald für mich die aktive Weinbergsarbeit in meinem Weingut in Bischoffingen ruhiger wird, packe ich die Koffer, fliege um die halbe Welt und kann in Neuseeland das Angenehme mit dem Nützlichen verbinden, den Sonnenschein genießen und in meinem Weingut arbeiten. Und wenn unser Pinot noir von »Down under« tatsächlich ein Spitzenprodukt wird, habe ich mein Wein-Paradies gefunden.

Karl-Heinz Johner
Winzer im badischen Bischoffingen

Faszination Down under

Schon seit langer Zeit üben Australien und Neuseeland auf Globetrotter und Auswanderungswillige aus aller Welt einen besonderen Reiz aus. Ein Segen für die Entwicklung der dortigen Weinindustrie. Denn ausschließlich Immigranten und Missionaren ist es zu verdanken, dass hier überhaupt Reben wachsen.

Wein genießen, ein – an europäischen Maßstäben gemessen – recht neues, doch heute nicht mehr wegzudenkendes Phänomen für Australier und Neuseeländer. Samstägliche Dinner mit Freunden, Festivitäten oder einfach nur ein lauer Sommerabend – auch in den einstigen »beer-drinker-countries« nutzt man mittlerweile gern die Gelegenheit, einen guten Tropfen zu trinken. Und auch in anderen Ländern hat man die Qualität der Weine aus Australien und Neuseeland entdeckt.

Auch wenn beide Länder Weinnationen von eher geringem Ausmaß sind, wenn man sie mit den übrigen Ländern der Neuen Welt (Seite 10) vergleicht, hat der Weinbau in den vergangenen zwei Jahrzehnten qualitativ solch große Fortschritte gemacht, dass australische und neuseeländische Weine heutzutage auch von europäischen Weinkarten nicht mehr wegzudenken sind.

Die Preise für die Weine von Down under sind aufgrund der geringen Menge, die produziert wird, zwar höher als für vergleichbare Tropfen aus Chile, Südafrika oder Kalifornien, doch Down under arbeitet man daran, dieses Handicap zu verbessern. In den letzten Jahren wurden immer mehr Reben angebaut, um die Nachfrage zu befriedigen.

Weingüter mit jahrhundertelanger Tradition:
Chateau Reynella (oben), Gründungsjahr 1838
Mission Estate (Mitte), Gründungsjahr 1851
Basedow (unten), Gründungsjahr 1896

Links: Gewaltige Akazien und Eukalyptusbäume prägen die Landschaft in Margaret River, dem jungen Anbaugebiet im Westen Australiens.

Die Weingeschichte Australiens

1790: Erste Rebpflanzung in Sydney durch den englischen Gouverneur Arthur Phillip
1833: Der schottische Rebenexperte James Busby bringt 570 Stecklinge europäischer Reben nach Australien
1841: Rebpflanzung schlesischer Auswanderer im Barossa Valley
1843: Erste Weinberge im Hunter Valley
1851: Gründung erster Weingüter im Yarra Valley durch Schweizer Auswanderer
1875: Erster Reblausbefall in Geelong
1893: Allmählicher Rückgang der Weinwirtschaft
1951: Penfolds produziert den ersten »Grange Hermitage«

Neue Welt

Zu den Ländern der Neuen Welt zählen unter anderem Australien, Neuseeland, Kalifornien, Südafrika, Argentinien und Chile.

Australian way of wine

Die ersten Reben wurden in Australien 1791 »entdeckt«, nachdem der englische Gouverneur Arthur Phillip in Sydney ein Jahr zuvor Rebstecklinge eingepflanzt hatte, die vom Kap der Guten Hoffnung stammten. Wein wurde jedoch mit ziemlicher Sicherheit nicht aus diesen Trauben erzeugt. Erst der Schotte James Busby, der mit seinen Eltern nach Australien ausgewandert war, brachte das nötige Know-how für die Kultivierung von Weinreben mit. Er hatte auf Reisen durch europäische Weinbauländer sein Interesse an der Kultivierung des Rebensaftes entwickelt und seine Erfahrungen zu Papier gebracht. Sie waren für die australischen Farmer, die sich bis dahin nur mit Vieh- und Weidewirtschaft beschäftigt hatten, eine große Hilfestellung.

In Australien gibt es bis heute keine einheimischen Reben. Sie stammen alle von europäischen Stecklingen, die in der ersten Hälfte des 19. Jahrhunderts im Süden des Landes angepflanzt wurden. Bis zum Ende des Jahrhunderts boomte der Weinbau: Wurden 1870 8,7 Millionen Liter Wein produziert, waren es 20 Jahre später bereits über 16 Millionen Liter. Unter den einzelnen Anbaugebieten entwickelte Südaustralien allmählich eine Vormachtstellung, nicht zuletzt auch deswegen, weil die Reblaus hier bis heute nicht Fuß fassen konnte. 1930 wurden im Süden 75 Prozent des gesamten australischen Weins produziert; wichtigstes Exportland war Großbritannien. Die Weine waren in der Regel eher Dessertweine in Madeira- oder Sherry-Art sowie stark alkoholhaltige Rotweine.

Anfang der 1890er-Jahre kam der Weinbau in den übrigen australischen Anbaugebieten aufgrund des Reblausbefalls allmählich zum Erliegen. Erst nach dem Zweiten Weltkrieg begann ein erneuter Aufschwung,

Auch wenn es im Land einige traditionsreiche Weingüter wie Penfolds (oben) gibt, zählt Australien zu den jüngeren Weinnationen.

und die Winzer konzentrierten sich zunehmend auf den Ausbau trockener Weine, die mittlerweile auch in Großbritannien an Popularität gewonnen hatten.

Kia ora in Aotearoa

»Willkommen im Land der langen weißen Wolke«. Dieser Gruß empfängt den Reisenden, wenn er den internationalen Flughafen von Auckland verlässt. Nicht allzu weit entfernt von der größten Stadt des Landes, bei Kerikeri auf der Nordinsel, pflanzte der englische Missionar Samuel Marsden 1819 die ersten Reben auf neuseeländischem Boden. Doch erst James Busby, der auch den australischen Weinbau begründete, hatte Einfluss auf die neuseeländische Weinwirtschaft zu Beginn des 19. Jahrhunderts. Er kelterte um 1836 auf der Nordinsel den ersten Wein, nachdem Marsden fast 20 Jahre vorher die Basis dafür geschaffen hatte.

Im Laufe weniger Jahre brachten europäische Geistliche mehr und mehr Weinreben aus der Heimat nach Neuseeland und der Weinbau auf der Nordinsel verbreitete sich rasch. Ähnlich wie in Australien haben also auch in Neuseeland europäische Auswanderer den

BYO

1976 wurde in Neuseeland die Idee des »bring your own« eingeführt: In nichtlizenzierten Restaurants dürfen die Gäste ihre eigenen Weine mitbringen, die gegen ein geringes »Korkgeld«, eine Entlohnung für das Öffnen und Servieren des Weines, ausgeschenkt werden.

Die Weingeschichte Neuseelands

1819: Erste Rebpflanzung auf der Nordinsel durch den anglikanischen Missionar Samuel Marsden
1836: Produktion des ersten Weines auf der Nordinsel durch den schottischen Rebenexperten James Busby
1838: Der französische Bischof Pompallier bringt Weinreben aus der Alten Welt nach Neuseeland
Ab 1880: Zunahme der Alkoholprohibition
Ab 1890: Ausdehnung der Rebflächen durch Auswanderer aus Dalmatien
1919: Scheitern einer Volksabstimmung zum generellen Verkaufsverbot alkoholischer Getränke
1973: Erste Rebpflanzungsversuche auf der Südinsel
1985/86: Aufgrund von Überproduktion Zahlung von Rodungsprämien durch die Regierung
1989: Erste Alkohollizenz für Supermärkte
1991–1999: Anbaufläche steigt von 5400 auf 8200 Hektar

eigentlichen Grundstein für die Weinindustrie gelegt. Die englischen Siedler waren seit jeher Biertrinker und mit Weinen wenig vertraut. Für die aus Südeuropa stammenden Immigranten gehörte Wein jedoch bereits in der alten Heimat zum täglichen Leben – und sie wollten ihn in der neuen auch nicht missen. Vor allem dalmatinische Auswanderer, die vor den Kriegswirren auf dem Balkan nach Neuseeland geflohen waren, pflanzten eifrig Weinberge an.
Bis 1973 wurde Wein nur auf der Nordinsel angebaut. Hier ist das Klima wärmer als im Süden. Erst das Unternehmen Montana (S. 69) wagte sich an den Anbau von Rebhängen auf der kälteren Südinsel.

Limitierter Genuss

Die Prohibition stellte den neuseeländischen Weinbau vor ein großes Problem. Bereits in den 1880er-Jahren gab es verstärkt Bestrebungen, den Alkoholkonsum der »Kiwis«, wie sich die Neuseeländer selbst gerne bezeichnen, einzuschränken. 1881 wurde in der damals britischen Kolonie Neuseeland der erste Erlass verabschiedet, der die Lizenzierung des Weinverkaufs nach sich zog. Weingüter durften ihre Weine ausschließlich an Hotels verkaufen und nicht an Endverbraucher. Wen wundert's, dass sich der Weinbau in den nächsten 100 Jahren eher schleppend entwickelte.
Noch im 20. Jahrhundert machte man es den Konsumenten nicht gerade leicht, Wein zu erwerben. Erst 1948 wurde erlaubt, Weine im Fachhandel zu vertreiben, allerdings unter strenger Kontrolle der Behörden, und erst seit 1960 darf in Restaurants mit Ausschanklizenz Wein verkauft werden. Neuseeländische Supermärkte führen Wein und Bier seit 1989 (in Auckland, der einwohnerstärksten Stadt Neuseelands, jedoch nicht in allen Stadtteilen).

Qualitätssteigerung und dynamisches Wachstum

Während noch zu Beginn des 20. Jahrhunderts in Australien und Neuseeland Weine im Sherry- und Madeira-Stil gefragt waren (wichtigster Absatzmarkt war Großbritannien), haben sich die Winzer in Australien ab den Fünfzigerjahren und in Neuseeland etwa seit 1970 auf den Ausbau von trockenen Tischweinen konzentriert. Im Laufe weniger Jahrzehnte wurde erfolgreich in Weinberge und Kellertechniken investiert, die Qualität der Weine wurde zusehends besser, und der Export vervielfachte sich innerhalb kürzester Zeit.

In den letzten 15 Jahren konnte die neuseeländische Weinindustrie einen unglaublich großen Erfolg verzeichnen. Allein zwischen Dezember 1998 und Juni 1999 stiegen die Exportzahlen mengenmäßig um 15 Prozent, was einem Wertzuwachs von 40 Prozent entspricht. Wichtigstes Erfolgskriterium ist dabei die Qualität der Weine.

Steckbrief der australischen Weinwirtschaft

Anzahl der Weingüter: 1115
bestockte Rebfläche: 122 000 ha
Traubenproduktion, gesamt: 1 125 000 t
Weinproduktion: 793 Mio. l
Weinexport: 216 Mio. l

Steckbrief der neuseeländischen Weinwirtschaft

Anzahl der Weingüter: 334
bestockte Rebfläche: 9380 ha
Traubenproduktion, pro Hektar: 9,8 t
Weinproduktion: 61,7 Mio. l
Weinexport: 16,6 Mio. l

Die Rebzeilen des Weingiganten Montana auf der Südinsel Neuseelands scheinen wie mit einem Kamm gezogen.

2 WIRRA WIRRA
WIN
3 NOON'S
4 TANAMI RED
4 PERTARINGA
WIRILDA CREEK
WINERY CAFE B&B

Der Weg zum Wein Ihrer Wünsche

In diesem Kapitel lernen Sie die Vielfalt der Weine von Down under kennen und erfahren, welche Faktoren für die Qualität eines Weines wichtig sind. Die Vinoteca zeigt Ihnen Schritt für Schritt, wie Sie bei der Weinauswahl vorgehen und welche Kriterien Sie beim Einkauf berücksichtigen sollten.

Bevor man sich Gedanken darüber macht, welchen Wein man kaufen möchte, muss man wissen, was einem schmeckt und worauf man Wert legt. Ist es die Rebsorte, der Jahrgang, der Winzer, die Geschmacksrichtung? Wer sich mit diesen vier Fragen auseinander setzt, kann sich einen Überblick über die Vielfalt australischer und neuseeländischer Weine verschaffen und wird den passenden Wein für jede Gelegenheit und jeden Geschmack finden.

Zur Qualitätsbestimmung eines Weines sind vor allem folgende Fragen zu beantworten:

a Aus welcher Rebsorte stammt der Wein?
b Welches »Terroir« (Bodenbeschaffenheit und Klima) hatte Einfluss auf die Reben?
c Wie erfolgten der Anbau im Weinberg und der Ausbau im Keller?
d Wie war der Jahrgang?

All diese Faktoren bestimmen die Qualität eines Weines. Um Ihnen die Übersicht zu erleichtern, haben wir die nebenstehenden Symbole entwickelt, die Sie durch dieses Buch führen werden.
Über die Qualität der Weine informiert die Anzahl Sterne von ★ bis ★★★★★.

Folgende Kriterien bestimmen die Qualität des Weines

Rebsorte

Terroir

Winzer

Jahrgang

Weinqualität ★

Links: In Australien wird jeder Weingenießer schnell fündig.

Entscheidungskriterien beim Einkauf

Bevor Sie einen Wein kaufen, sollten Sie folgende Fragen klären:

A Soll es ein Rotwein oder Weißwein sein? Trinken Sie lieber trockene oder liebliche Weine? Möchten Sie einen leichten oder gehaltvollen Wein?

B Suchen Sie einen Wein zum sofortigen Genuss oder soll er gelagert werden ?

C Möchten Sie den Wein zum Essen trinken und um welche Art von Essen handelt es sich?

D Was wollen Sie für den Wein bezahlen? Die in diesem Buch angegebenen Preissymbole ❶ – ❺ sind Ihnen bei der Auswahl behilflich.

Die Vielfalt australischer und neuseeländischer Weine

Die zahlreichen Weine von Down under spiegeln auf faszinierende Weise die Mentalität der hier lebenden Menschen wider. Mensch und Wein sind geprägt von äußerst intensiver Sonneneinstrahlung, multikulturellem Lebensgefühl und intakter Natur.

Die Weine zeichnen sich durch ihr Aroma, die intensive Frucht und leichte bis starke Holzaromen aus und bereiten schon in jungen Jahren großes Trinkvergnügen. Weil es die einheimische Zunge nicht so gerne mag, sind die Tannine (Gerbstoffe) bei den Rotweinen weit weniger ausgeprägt als man dies von europäischen Roten kennt. Ein großer Vorteil für diejenigen Genießer, die leicht zugängliche Weine bevorzugen.

Darüber hinaus wird in beiden Ländern ein Teil der weißen Reben zu Schaumwein verarbeitet.

Drei Beispiele für die Vielfalt australischer und neuseeländischer Weine

Australien und Neuseeland bieten für jeden Geschmack den passenden Wein. Sei es zum sofortigen Trinkgenuss, zum Sonntagsessen oder zur Lagerung, den Möglichkeiten sind keine Grenzen gesetzt. Die Preise für diese Weine sind sehr unterschiedlich.

❸ ab DM 20,– / € 10,–

Beispiel eines Trinkweins:
Ein neuseeländischer Sauvignon blanc, fruchtig, aromatisch, frisch
Zu Geflügel, gegrillten Meeresfrüchten und Schalentieren
Mehr dazu: S. 52.

❹ ab DM 40,– / € 20,–

Beispiel eines Sonntagsweins, lagerfähig:
Ein Shiraz aus Australien mit Aromen von schwarzen Beeren und Kräutern, pfeffrig, elegant
Zu Wildgeflügel, Rind, Känguru
Mehr dazu: S. 41.

❺ ab DM 50,– / € 25,–

Beispiel eines festlichen Weißweins:
Ein australischer Chardonnay mit intensiven Aromen, konzentriert, üppig
Zu Meeresfrüchten oder weißem Fleisch mit cremigen Saucen, kräftig gewürzt
Mehr dazu: S. 38.

Spitzenreiter Chardonnay

Chardonnay stellt relativ geringe Ansprüche an Klima und Boden und bringt in der Regel gute Erträge.

Die Chardonnay-Rebe hat ihren Siegeszug auch in der Neuen Welt angetreten. Sie ist sowohl in Australien wie auch in Neuseeland die meistangebaute Rebsorte – mit steigender Tendenz.

Je nach Art der Vinifizierung (Ausbauart) bringt sie Weine unterschiedlichster Stilrichtungen hervor: Sie reichen von leichteren, pfirsich- und zitrusfruchtigen Tropfen aus dem Stahltank bis hin zu gehaltvollen, buttrigen Weinen mit Aromen von tropischen Früchten und Honig. Letzteres vor allem, wenn die Weine aus wärmeren Anbaugebieten stammen. Die meisten Chardonnays werden im kleinen Eichenholzfass, dem so genannten Barriquefass, ausgebaut. In dieser Hinsicht haben australische Winzer in den vergangenen Jahren manchmal zu viel des Guten getan, sodass die Holzaromen ihrer Weine im Geschmack zu dominant waren. Heute konzentrieren sie sich wieder auf die Produktion harmonischerer Weine.

Jahresproduktion der fünf wichtigsten australischen Rebsorten

Chardonnay:	173 000 t
Shiraz:	147 000 t
Cabernet Sauvignon:	97 000 t
Sémillon:	57 500 t
Riesling:	35 000 t

Die wichtigsten Rebsorten Australiens

Neben Chardonnay gibt es in Australien noch weitere bedeutende Rebsorten:

Shiraz

Australien ist absolutes Shiraz-Land. Die wichtigste rote Rebsorte des Landes, in Europa als Syrah bekannt, wird in allen australischen Anbaugebieten kultiviert. Sie bringt schwarzrote Weine mit fruchtigem, würzigem Duft hervor. Das Aroma erinnert an dunkle Beeren, Schokolade und Gewürze. Die Stilrichtung der Weine reicht von mittelschwer bis voluminös.

Die Herkunft der Syrah-Rebe ist bis heute ungeklärt: Sie stammt möglicherweise aus der Nähe der persischen Stadt Schiraz oder aus Syrakus auf Sizilien.

Cabernet Sauvignon

Die rote Prestigesorte schlechthin findet sich in den unterschiedlichsten australischen Anbaugebieten. Ihre Weine sind rubinrot und duften nach schwarzen Johannisbeeren, zuweilen auch nach Minze. Sie sind dank des weichen Tannins recht früh trinkfertig, entfalten nach Jahren der Lagerung jedoch eine faszinierende Aromenfülle.

Sémillon/Semillon

Sowohl in Australien als auch in Neuseeland findet man im Allgemeinen die Schreibweise ohne Akzent.

Sémillon

Viele australische Rebhänge sind mit Sémillon bestockt, die interessantesten Vertreter kommen jedoch aus dem Hunter Valley. Hier wird die Rebsorte, die kräftige Weine hervorbringt, nicht im Holzfass, sondern ausschließlich im Stahltank vinifiziert. Nach einigen Jahren Lagerung entwickeln sich daraus vollmundige Weine mit feinen Toast- und Honignoten.

Riesling

Hauptanbaugebiete der deutschstämmigen weißen Traube sind das Barossa Valley und das Clare Valley. Hier hatten sich im 19. Jahrhundert einige der deutschen Siedler niedergelassen. Doch auch in anderen

Neuseeland ist vor allem für seine aromatischen Sauvignon blancs bekannt.

kühlen Gebieten wird die Sorte kultiviert. Ihre Weine sind fruchtig und körperreich und können viele Jahre lagern. Im Vergleich zum deutschen Pendant besitzen sie jedoch weniger Säure.

Die wichtigsten Rebsorten Neuseelands

Neben Chardonnay gibt es in Neuseeland noch weitere bedeutende Rebsorten:

Sauvignon blanc

Neuseeländischer Sauvignon blanc ist einzigartig unter den Sauvignons der Welt. Kein anderer weist diese intensiven Aromen von Stachelbeere, Passionsfrucht, Limonen und grünem Spargel auf. Werden die Weine im Barriquefass ausgebaut, sind die Fruchtaromen etwas weniger exotisch und die Weine länger lagerfähig. Zu unterscheiden ist zudem, ob der Wein von der Nord- oder Südinsel stammt. Im Norden schmeckt er reifer, im Süden leichter und frischer.

Pinot noir

Pinot noir liebt gemäßigtes Klima Deshalb befindet sich die größte Anbaufläche in Marlborough auf der kühleren Südinsel. Im Laufe der letzten Jahrzehnte hat der Pinot-noir-Anbau stark zugenommen. Die überaus erfolgreiche Sorte ist die wichtigste rote Rebe des Landes. Die Weine besitzen einen intensiven Geschmack nach Kirschen und Pflaumen. Ein Großteil der Trauben aus Marlborough wird zur Herstellung von Schaumweinen verwendet. Weitere gute Anbaugebiete sind Nelson, Canterbury und Central Otago im Süden sowie Martinborough auf der Nordinsel.

Die Riesling-Rebe liebt die kühlen Anbaugebiete Australiens und Neuseelands.

Cabernet Sauvignon und Merlot

Beide rote Sorten sind absolute Stars in Neuseeland und gedeihen am besten in den wärmeren Regionen der Nordinsel. Hauptanbaugebiet ist Hawkes Bay. Die Cabernets sind komplex und elegant, die Merlots füllig und kräftig. Als Cuvées (Verschnittweine) ergänzen sich beide Trauben hervorragend.

Müller-Thurgau

Diese aromatische Rebsorte kommt in Neuseeland zusehends aus der Mode. Einst meistangebaute Weißweinsorte des Landes, ist die Rebfläche in den letzten fünf Jahren um die Hälfte gesunken. Die Weine sind leicht zugänglich und frisch und besitzen einen feinen Muskatton.

Riesling

Der Riesling ist die populärste unter den aromatischen Rebsorten des Landes. Er bevorzugt ein kühles Klima und viel Sonne und wird deshalb vor allem auf der Südinsel kultiviert. Hier sind die Weine frischer als auf der Nordinsel. Die Stilrichtungen variieren von stahligtrocken bis edelsüß.

Jahresproduktion der sieben wichtigsten Rebsorten Neuseelands

Sauvignon blanc:	20 580 t
Chardonnay:	17 823 t
Müller-Thurgau:	8 941 t
Pinot noir:	4 844 t
Cabernet Sauvignon:	3 723 t
Riesling:	3 462 t
Merlot:	3 252 t

Ideale Wachstumsbedingungen

Die Qualität eines Weines ist im Wesentlichen von den vier Faktoren Rebe, Klima, Boden und Winzer abhängig. Das Zusammenspiel von Klima und Boden, das so genannte »terroir«, spielt dabei eine besonders große Rolle. Im Laufe der Jahre haben auch die Winzer in Übersee erkannt, dass Reben am besten dort gedeihen, wo sie perfekte Wachstumsvoraussetzungen vorfinden. So konzentriert sich der Weinbau in Australien und Neuseeland auf ganz bestimmte Regionen und Rebsorten, die sich den klimatischen und geographischen Voraussetzungen am besten anpassen.

Terroir

Die Bezeichnung stammt ursprünglich aus dem Französischen und bezeichnet dort die Bodenbeschaffenheit in den Rebhängen. Außerhalb Frankreichs ist der Begriff weiter gefasst.

Prima Klima

Australien und Neuseeland liegen in der südlichen Hemisphäre, das heißt, die Jahreszeiten sind denen der Nordhalbkugel entgegengesetzt. Januar/Februar sind somit die wärmsten und Juli/August die kältesten Monate.

Etwa 90 Prozent der australischen Reben wachsen im Süden des Kontinents, in den Staaten Südaustralien und Victoria. Hier liegen die Temperaturen im Sommer zwischen 19 und 21 °Celsius und entsprechen somit mediterranen Bedingungen wie in Bordeaux oder dem Piemont. Ein großes Handicap für den Weinbau stellt jedoch die oft monatelang andauernde Trockenheit dar. Aus diesem Grund ist es in vielen australischen Anbaugebieten nötig, die Rebanlagen zu bewässern.

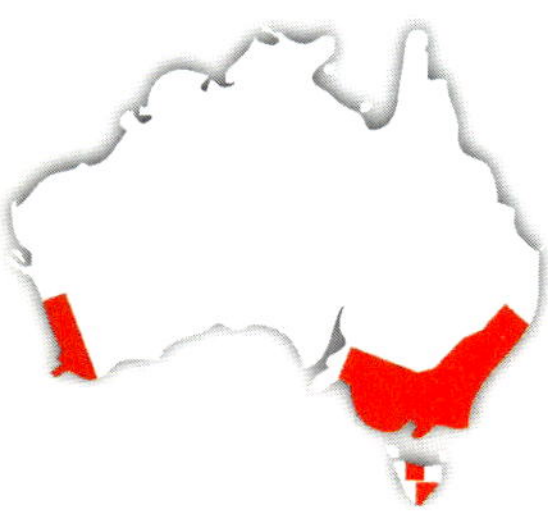

Beste Bedingungen für den australischen Weinbau herrschen im Hinterland von Adelaide und Melbourne sowie in der Nähe von Sydney und im Westen des Landes.

Im Gegensatz zu Australien ist das Klima in Neuseeland von maritimen Einflüssen geprägt und wesentlich regenreicher. Die durchschnittliche Niederschlagsmenge liegt zwischen 615 (Südinsel) und 1440 (Nordinsel) Millimeter pro Jahr. Die wichtigsten Anbaugebiete des Landes befinden sich im durch Gebirgsketten

geschützteren Osten der beiden Inseln. Über 80 Prozent der Trauben wachsen in den Regionen Gisborne, Hawkes Bay und Marlborough.
Zwischen Nord- und Südinsel herrschen große Temperaturunterschiede, die wiederum Auswirkungen auf den Charakter der Weine und den Zeitpunkt der Weinlese haben. Während beispielsweise Chardonnay im Norden bereits Ende Februar/Anfang März gelesen wird, beginnt man im südlichsten und kältesten Teil der beiden Inseln erst Mitte bis Ende April mit der Ernte. Ebenfalls klimabedingt präsentiert sich Chardonnay aus dem Norden im Glas eher üppig mit Brot-, Ananas- und Pfirsicharomen, während die Rebsorte im Süden frische Weine mit Zitrusnoten hervorbringt.

Steinige Böden schützen die darunter liegende Erde vor dem Austrocknen, speichern die Wärme und geben sie nachts an die Reben ab.

Auch der Boden machts

In Neuseeland variiert der Untergrund der einzelnen Anbaugebiete von Löß- und Kreide- über flachgründige Tonböden sowie wasserdurchlässigen Untergrund vulkanischen Ursprungs bis hin zu schweren Lehmböden. Bei Letzteren wird für den Winzer vor allem die Staunässe zum Problem. Weil das Wasser nur langsam versickert, sind die Böden enorm fruchtbar. Dies hat ein starkes Rebwachstum zur Folge, das jedoch auf Kosten der Traubenqualität geht. Sie reifen weniger gut aus, weil die Rebe ihre Energie fast ausschließlich dazu benutzt, Blattwerk zu produzieren. Außerdem beschatten zu viele Blätter das Traubengut.
Die Böden in den australischen Anbaugebieten bestehen hauptsächlich aus kalkig- oder sandig-lehmigem Untergrund. Charakteristisch ist die »terra rossa«, die rotbraune Erde, auf der in Coonawarra die besten Rotweine des Landes wachsen. Daneben gibt es je nach mineralischer Zusammensetzung Böden, deren Farben von Schwarzgrau bis Sienabraun reichen.

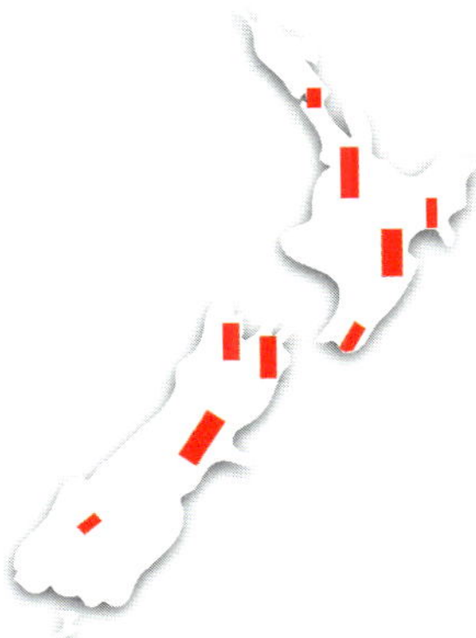

Der neuseeländische Weinbau konzentriert sich auf diverse Regionen, die sich über Nord- und Südinsel erstrecken.

Gute Erziehung vorausgesetzt

Die Wahl der passenden Stützvorrichtung richtet sich nach der Rebsorte sowie nach klimatischen und geologischen Gegebenheiten im Anbaugebiet.

Zu den wichtigsten Faktoren, die die Qualität eines Weines bestimmen, gehört neben Klima und Boden auch die Arbeit im Weinberg. Hier wird der Grundstein für das spätere Potenzial des Weines gelegt. Kein Winzer pflanzt seine Reben und überlässt sie dann sich selbst. Es gibt im Laufe des Jahres eine Menge im Weinberg zu tun, damit aus einer kleinen Traube ein großer Wein werden kann. So werden die Reben beschnitten, damit ihr Wuchs eingedämmt wird, und die Energie der Pflanze in die Traube fließt und nicht in die Blätter. Ebenso wichtig ist die richtige Erziehung der Rebe. Sie wächst entlang einer Drahtrahmenkonstruktion, die auf verschiedene Art und Weise gespannt sein kann.

In Australien und Neuseeland experimentieren die Winzer mit unterschiedlichsten Erziehungsmethoden (»canopy management«), die alle ein Ziel verfolgen: die Trauben im geeignetsten Winkel nach der Sonne auszurichten und sie vor der Beschattung durch zu viele Blätter zu schützen.

Doch es gibt noch einen weiteren Grund, warum die Erzeuger stets auf der Suche nach geeigneten Erziehungsmethoden sind: In beiden Ländern werden rund 90 Prozent der Trauben maschinell gelesen. Diese Methode ist zeit- und geldsparend, bedarf jedoch richtig angelegter Rebzeilen, damit Maschinen im Weinberg eingesetzt werden können. Die übrigen 10 Prozent der Trauben werden von Hand geerntet und sind für die Produktion von Spitzenerzeugnissen vorgesehen.

Ertragsbeschränkung

In Australien gibt es keine gesetzlich verankerte Mengenbeschränkung bei der Traubenproduktion. Die meisten Winzer erzeugen zwischen 60 und 90 Hektoliter pro Hektar. Bei Spitzenweinen wird die Menge jedoch häufig auf 35 bis 40 Hektoliter beschränkt. Hier gilt: Klasse statt Masse.

Wasser als Lebenselixier

Während in Neuseeland die Natur für ausreichend Feuchtigkeit in den Weinbergen sorgt, sind australische Winzer auf die Bewässerung ihrer Anlagen angewie-

Neuseelands Winzer können sich die Bewässerung ihrer Weinberge sparen. Es regnet beispielsweise in und um Auckland mehr als im einstigen Mutterland Großbritannien.

sen, um die Reben vor Trockenstress zu bewahren. Die durchschnittliche Niederschlagsmenge pro Jahr ist in einigen Gebieten wie im Hunter Valley (600 Millimeter) gar nicht so niedrig, doch im Frühjahr und Sommer fällt zuweilen überhaupt kein Regen. Aus diesem Grund hat man in den Rebhängen Bewässerungssysteme verlegt, die langsam und schonend Feuchtigkeit an die Pflanzen abgeben. Weinberge, die bewässert werden, erzielen mittlerweile einen Durchschnittsertrag von bis zu 90 Hektoliter pro Hektar: für Spitzenweine aber des Guten zu viel. Deshalb verzichten viele Winzer für die Produktion von Top-Kreszenzen auf die Bewässerung der Anlagen, um die Erträge zu minimieren oder setzen eine sparsame Tropfberegnung ein, die die Rebe vital hält, die Traubenproduktion aber nicht steigert.

Maschinelle Lese

Rund 90 Prozent der in Australien und Neuseeland wachsenden Trauben werden maschinell geerntet. Die so genannten Vollernter fahren auf hohen Rädern durch die Rebzeilen und schütteln die Trauben mittels Schlagmechanismus vom Stock. Diese Methode ist enorm zeit- und kostensparend. Während bei der Lese von Hand eine Vielzahl Erntehelfer benötigt werden, sind bei der maschinellen Lese höchstens zwei Personen mit dem Einbringen der Ernte beschäftigt. Weil die Methode nicht sehr schonend für das Traubengut ist und die Beeren häufig beschädigt werden, konzentrieren sich die Winzer bei der Produktion von Spitzenweinen lieber auf die manuelle Lese.

König Kellermeister

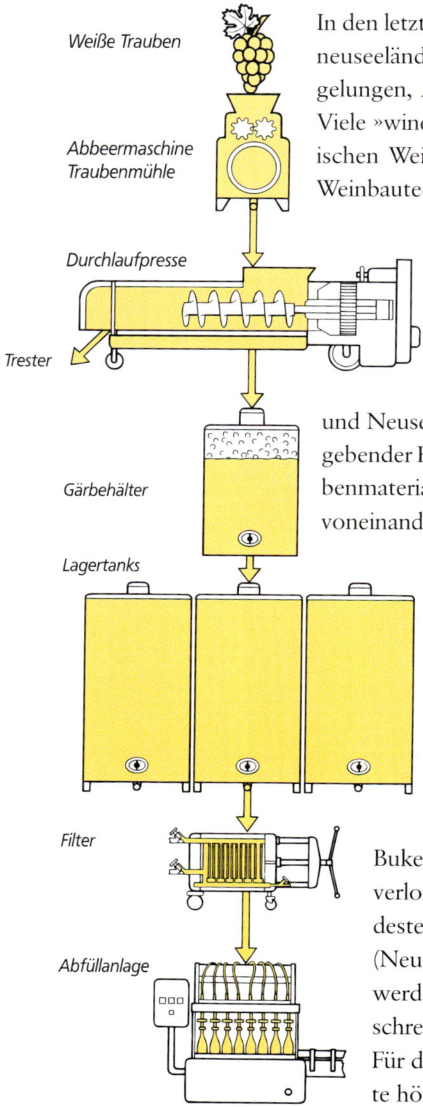

In den letzten Jahrzehnten ist es australischen und neuseeländischen Winzern auch kellertechnisch gelungen, Anschluss an die Alte Welt zu finden. Viele »winemaker« haben Aufenthalte in europäischen Weingütern dazu genutzt, sich bewährte Weinbautechniken anzueignen und im eigenen Betrieb umzusetzen. Sie haben investiert, modernisiert und technisiert. Entgegen der europäischen Vormachtstellung des »terroir« als wichtigster Voraussetzung für die Produktion feiner Weine, gilt in Australien und Neuseeland der Kellermeister als ausschlaggebender Faktor. Ihm muss es gelingen, aus Traubenmaterial, das oftmals viele tausend Kilometer voneinander entfernt auf unterschiedlichsten Böden und in verschiedenen Klimaverhältnissen gewachsen ist, einen harmonischen Wein zu keltern.

Schonende Behandlung

Weißweine werden in der Neuen Welt temperaturkontrolliert vergoren. Dabei wird die Gärtemperatur bei maximal 15 bis 10 °Celsius gehalten, damit Bukett- und Aromastoffe des Weines nicht verloren gehen. Weißweine müssen zu mindestens 80 Prozent (Australien)/75 Prozent (Neuseeland) aus der Rebsorte vergoren werden, die auf dem Etikett genannt ist. So schreibt es das Weingesetz Down under vor. Für die Exporte nach Europa sind die Werte höher.

Rotweine werden in der Regel auf der Maische vergoren. Unter diesem Begriff versteht man das Gemisch aus Schalen, Fruchtfleisch und Kernen, das während des Gärvorgangs an die Oberfläche steigt und immer wieder mit dem Most vermischt wird.

Während rote Trauben in Australien und Neuseeland stets von Stielen und Stängeln befreit werden und in die *Abbeermaschine* kommen, werden weiße Beeren hier nicht entrappt. Sie gelangen als Ganzes in die *Traubenpresse*. Dieses Verfahren der Ganztraubenpressung, das auch in anderen Ländern zusehends bei der Weißweinbereitung zum Einsatz kommt, ist schonender für das Traubengut und erhält die Aromen im Wein. Sobald der Most *abgepresst* ist, wird er durch Vorklärung von Trubstoffen befreit. Die Winzer machen bei der Klärung der Weine qualitative Unterschiede. Während sich Trubstoffe bei hochwertigem Most schonend absetzen können, wird einfacher Most durch Zentrifugieren von den unerwünschten Bestandteilen getrennt.

Jetzt beginnt der eigentliche *Gärvorgang*, bei dem zugesetzte Reinzuchthefen den im Most enthaltenen Fruchtzucker in Alkohol und Kohlensäure umwandeln. Der Kellermeister achtet darauf, die Gärtemperatur bei maximal 15 °Celsius zu halten, damit möglichst viele Aromastoffe vorhanden bleiben.

Sobald die Gärung abgeschlossen ist, pumpt er den Wein in einen *Lagertank* oder in ein Holzfass. Hier kann er ruhen und seinen Geschmack entwickeln. Im Anschluss daran wird der Wein *filtriert* und in der *Abfüllanlage* in Flaschen gefüllt.

Weinberge

Anders als in Europa, besitzen australische und neuseeländische Weingüter häufig Weinberge in den unterschiedlichsten Anbaugebieten des Landes, verarbeiten das Traubenmaterial dieser Rebzeilen jedoch zusammen. Dies hat zur Folge, dass Weine unterschiedlichster geologischer und klimatischer Bedingungen miteinander vermischt werden.

Masse und Klasse

Viele Trauben werden über Tausende von Kilometern in Lastwagen transportiert, bis sie an ihren Zielort, die Kellerei, gelangen.

In Australien und Neuseeland kommen zwischen 80 und 85 Prozent aller produzierten Weine von großen Weinkonzernen. Hier steht Weinindustrie nicht automatisch für minderwertige Massenproduktion. Im Gegenteil: Einige der besten Weine beider Länder werden in Großbetrieben hergestellt, darunter fallen australische Weine wie der weltberühmte Penfolds »Grange« (S. 63), die »President's Selection« von Mildara-Blass (S. 67) oder die Spitzenweine der neuseeländischen Betriebe Villa Maria (S. 69) oder Corbans (S. 68). Diese Unternehmen beziehen ihre Trauben aus den unterschiedlichsten heimischen Anbaugebieten und transportieren sie oftmals viele tausend Kilometer durchs Land, um sie in der Zentrale ihrer Kellerei miteinander zu vermischen. Diese Kunst der Assemblage obliegt dem Kellermeister, der aus dem Traubengut »multi-district-blends« zusammenstellt. Ein Vorteil dieses Verfahrens liegt in der gewollten Uniformität einiger so hergestellter Weine. Die Trauben können so ausgewählt, gemischt und ausgebaut werden, dass die späteren Weine exakt dem Geschmack des Konsumenten entsprechen: Seelenlosigkeit für die einen, Verkaufsschlager für die anderen. Es geht jedoch auch anders. Im Laufe der Jahre sind einige Betriebe dazu übergegangen, neben den »multi-district-blends« gebietstypische Weine mit eigener Identität herzustellen. Das Traubengut stammt aus definierten Gebieten, ähnlich den deutschen Qualitätsweinen bestimmter Anbaugebiete. Darüber hinaus gibt es »Estate bottled«-Weine, deren Trauben aus einer bestimmten Region innerhalb eines Anbaugebietes stammen und »single-vineyard«-Weine, die aus einer bestimmten Lage eines Weingutes kommen.

Blend

Als »blend« bezeichnet man Down under Weine, deren Traubengut aus verschiedenen Anbaugebieten stammt.

Alles, was recht ist

Zu den vorgeschriebenen Angaben auf einem neuseeländischen Etikett gehören Alkoholgehalt, Füllmenge der Flasche, Name und Ort des Erzeugers, Jahrgang und Rebsorte. Auf dem australischen Etikett müssen Rebsorte, Herkunft der Trauben und der Jahrgang vermerkt sein.

Neuseeländische Kellermeister sind an weit weniger Vorschriften gebunden als ihre australischen Kollegen. Während auf den beiden Inseln sowohl die Zuckerung des Mostes (Chaptalisierung, Anreicherung zur Erhöhung des Alkoholgehalts) als auch die Zugabe von Säure erlaubt ist, wird in Australien nur letzteres Verfahren akzeptiert. Ist die Rebsorte auf dem Etikett genannt, müssen in Neuseeland mindestens 75 Prozent des Weines dieser Sorte entstammen, in Australien sind es 80 Prozent.

Keine Spur von Romantik, sondern Edelstahl pur: Wie bei Montana sieht es in vielen großen Kellereien Neuseelands und Australiens aus. Den Gegenpart bilden so genannte »boutique wineries«, die Premium-Weine in Kleinstmengen produzieren.

1. Name und Ort des Erzeugers
2. Jahrgang
3. Rebsorte
4. Alkoholgehalt
5. Füllmenge der Flasche

Die perfekte Trinkreife

Weine mit Edelfäule (Seite 48) haben in Australien und Neuseeland Tradition. Neben Riesling eignet sich vor allem der Gewürztraminer (im Bild) für die Herstellung edelsüßer Tropfen.

Obwohl in Australien und Neuseeland aufgrund der günstigen klimatischen Verhältnisse weit weniger große Jahrgangsschwankungen zu verzeichnen sind als in europäischen Weinbauländern, fallen die Jahrgänge auch hier nicht immer gleich aus. Der Zuckergehalt der Beeren (das Mostgewicht) weist Unterschiede auf, und der Gesundheitszustand der Trauben hängt davon ab, ob das Wetter während der Lese trocken bleibt.

Mostgewicht

Das Mostgewicht (ausgedrückt in Grad Öchsle) ist wichtig für die Einstufung des Weines in eine Qualitätsstufe. Je höher das Mostgewicht, desto höher die Güteklasse.

Die Tabelle auf Seite 31 gibt Auskunft darüber, welche Qualität die einzelnen Jahrgänge haben und wie sich die Trinkreife der Weine entwickelt. Sie ist weit wichtiger für den optimalen Trinkgenuss als die Jahrgangsbewertung. Denn erst ein perfekt gereifter Wein bereitet richtige Freude beim Trinken.

Es ist wichtig zu wissen, dass sowohl australische als auch neuseeländische Rotweine wesentlich früher trinkbar sind als europäische Weine vergleichbarer Sorten. Bei schweren, barrique-gereiften Rotweinen und gehaltvolleren Weißen sollte man jedoch einige Jahre Lagerung einkalkulieren, um die ideale Trinkreife der Weine zu erhalten.

Jahrgänge und Bewertungen

Jahr	Cabernet Sauvignon Margaret River	Shiraz Barossa Valley	Cabernet Sauvignon Coonawarra	Chardonnay Hunter Valley	Cabernet Sauvignon Hawkes Bay	Sauvignon blanc Marlborough
1999	→	→	→	→	→	↗
1998	→	→	→	↗	→	↗
1997	→	→	→	★	↗	★
1996	→	→	→	★	↗	★
1995	→	↗	↗	★	★	↘
1994	↗	↗	→	↘	★	○
1993	↗	↗	↗	★	★	○
1992	★	★	★	★	★	○
1991	★	★	★	★	★	○
1990	★	★	★	↘	★	○

Zur Qualität der Jahrgänge:
- = hervorragend
- = gut
- = mäßig

Legende:
- → noch sehr jung, reifen lassen
- ↗ am Anfang der Trinkreife, kann noch besser werden
- ★ auf dem Höhepunkt, trinken
- ↘ Zenit überschritten, austrinken
- ○ verpasst, wäre besser schon getrunken

Die Angaben gelten für Spitzenweine; einfachere Qualitäten können häufig nicht so lange gelagert werden. Ältere gute Jahrgänge für Shiraz aus dem Barossa Valley oder dem Clare Valley: 1988–1981.

Die australischen Weinjahre ab 1995

1999 Einige Gebiete hatten unter ausgesprochen schlechtem Wetter während der Lese zu leiden. Die Erträge sind niedriger als im Vorjahr.

1998 Wettermäßig in manchen Gebieten ein schwieriges Jahr. Während der Lese war die Witterung jedoch bestens, sodass ausgezeichnete Qualitäten geerntet wurden.

1997 Durch Unwetter und große Hitze kein leichtes Jahr, die Erntequalität war gut bis sehr gut.

1996 Ein gutes Jahr mit optimalen Bedingungen während der Vegetationsphase. Die Erntemenge lag über dem Durchschnitt.

1995 Während der Wachstumsphase war es recht kühl, dafür aber sehr beständig. Die Weine sind äußerst elegant und feinfruchtig.

Die neuseeländischen Weinjahre ab 1995

1999 Das Wetter während der Wachstumsperiode war gut, doch dann gab es heftige Regenfälle zur Erntezeit. Je nach Zeitpunkt der Lese sind die Qualitäten unterschiedlich.

1998 Super Wetter, super Jahrgang. Zumindest für die meisten Rebsorten.

1997 Zunächst befürchtete man, die Ernte würde verregnet. Doch die Winzer, die ihre Trauben hängen gelassen hatten, wurden durch einen wunderbaren Herbst entschädigt.

1996 Einige Highlights, aber auch einige Enttäuschungen. Die Wetterbedingungen waren unspektakulär, aber auch nicht besonders gut.

1995 Hohe Erträge, trotz des Regens während der Lese. Ein tolles Jahr für Rote aus der Hawkes Bay, aber nur ein mäßiges für Marlborough.

Australische und neuseeländische Weine dieser Jahrgänge sind teilweise noch im Handel erhältlich.

1992

Die Weintypen Australiens und Neuseelands

Seit rund 20 Jahren haben sich australische und neuseeländische Weinerzeuger auf harmonische, weiche und geschmacksintensive Weine spezialisiert. Die Auswahl ist äußerst vielfältig.

Einfache Symbole helfen Ihnen, den passenden Wein zu finden. Die Qualität der in diesem Kapitel beschriebenen Weine setzt sich aus den beantworteten Fragen von Seite 16 zusammen.

	Weinqualität
★	ein leichter Wein für jeden Tag
★★	ein Wein für besondere Gelegenheiten
★★★	ein Wein für einen Festtag
★★★★	ein Wein für außergewöhnliche Anlässe
★★★★★	ein internationaler Spitzenwein

	Art des Weines
	Rotwein
	Weißwein
	Rosé

	die passenden Speisen zu diesem Wein

	Lagerfähigkeit
	Trinkwein
	Lagerwein (Angaben in Jahren ab Ernte)

	Preiskategorien ❶–❺
❶	unter DM 10,– / € 5,–
❷	von DM 10,– bis 20,– / € 5,– bis 10,–
❸	von DM 21,– bis 30,– / € 10,– bis 15,–
❹	von DM 31,– bis 50,– / € 15,– bis 25,–
❺	über DM 50,– / € 25,–

Die Vinoteca-Symbole zur Weinbeurteilung

★ Qualität

Weintyp/Geschmack

Speise-Empfehlung

Lagerfähigkeit

❶ Preiskategorie

Links: Das Spektrum der Weine von Down under reicht von trocken ausgebauten Rotweinen bis hin zu edelsüßen Weißen.

Die Weintypen Australiens

Die Weinbaugebiete Australiens konzentrieren sich auf den Südosten des Kontinents, die Insel Tasmanien und Westaustralien.
Die genannten Preiskategorien beziehen sich auf die Fachhandels-Preise in Deutschland. Supermärkte bieten einfachere Qualitäten zu günstigeren Preisen an.

Western Australia (S. 38 f.) – Margaret River

- Cabernet Sauvignon, Merlot, Shiraz, Pinot noir
- Chardonnay, Sémillon, Sauvignon blanc, Riesling
- Rote: Fleisch, roter Fisch, Ente; Weiße: Omelett, Antipasti, Ratatouille, Muscheln
- Weiße 1 bis 5 Jahre; Rote bis 8 Jahre

Swan Valley

- Chenin blanc, Chardonnay
- Grenache, Shiraz
- Weiße: Jakobsmuscheln, Meeresfrüchte, Huhn;
  Rote: Schmor- und Grillgerichte, Braten, Wild, pikanter Käse
- Weiße 5 bis 10 Jahre; Rote 2 bis 8 Jahre

South Australia (S. 40 ff.) – Clare Valley

- Riesling, Sémillon
- Cabernet Sauvignon, Shiraz
- Weiße: Antipasti, Gemüsegerichte, Fisch, Dessert (edelsüße Weine); Rote: Fleisch, dunkles Geflügel, Wurst
- Weiße 2 bis 10 Jahre; Rote 3 bis 8 Jahre

Barossa Valley

- Riesling, Chardonnay
- Shiraz
- Weiße: Omelett, Vorspeisen, Gemüseaufläufe, Fisch;
  Rote: Rind, Leber, Wildente
- Weiße 3 bis 10 Jahre; Rote 2 bis 9 Jahre

McLaren Vale/Eden Valley

- Shiraz, Cabernet Sauvignon
- Riesling, Chardonnay
- Rote: Wildente, Lamm, Rind, Känguru; Weiße: Antipasti, Risotto, Garnelen
- 2 bis 10 Jahre

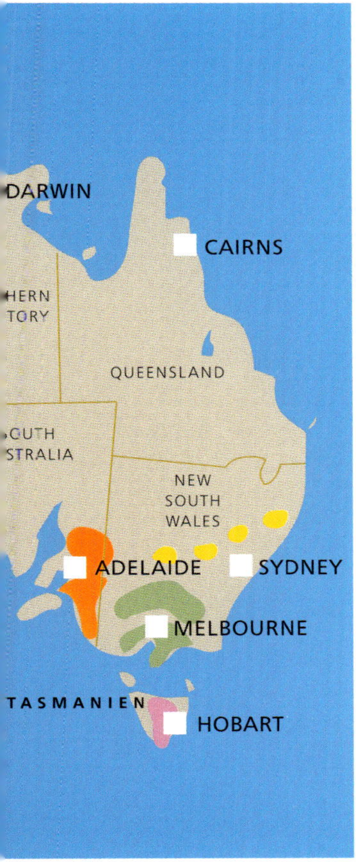

Coonawarra & Padthaway

- Cabernet Sauvignon, Shiraz
- Chardonnay, Riesling
- Rote: Lamm, Rind, Känguru, Wildente; Weiße: Antipasti, Risotto, Garnelen
- 2 bis 14 Jahre (Cabernet Sauvignon)

Victoria (S. 44 ff.) – Bendigo

- Shiraz, Cabernet Sauvignon
- Rote: Wildente, Lamm, Rind
- 2 bis 8 Jahre

Yarra Valley

- Pinot noir, Cabernet Sauvignon, Shiraz
- Chardonnay, Sémillon, Riesling
- Rote: Kalb, dunkler Fisch, Kaninchen; Weiße: Meeresfrüchte, Lachs, Geflügel, Desserts (edelsüße Weine)
- Rote 2 bis 8 Jahre; Weiße: 3 bis 10 Jahre

Goulburn Valley

- Shiraz, Cabernet Sauvignon
- Rote: Wildente, Lamm, Rind
- 2 bis 8 Jahre

Tasmanien (S. 47)

- Chardonnay, Riesling
- Pinot noir, Cabernet Sauvignon
- Weiße: Antipasti, Risotto, Garnelen, Desserts (edelsüße Weine); Rote: Lamm
- Weiße 3 bis 10 Jahre; Rote 2 bis 8 Jahre

New South Wales (S. 48 f.) – Riverina

- Sémillon, Chardonnay, Dessertweine
- Shiraz, Cabernet Sauvignon
- Weiße: Fisch, Desserts, Gemüse, Geflügel; Rote: Wildgeflügel, Reh, Lamm, Rind
- Weiße 2 bis 10 Jahre; Rote 2 bis 8 Jahre

Mudgee

- Cabernet Sauvignon, Shiraz
- Chardonnay
- Rote: Wild, Lamm, Rind; Weiße: Reisgerichte, Gemüse, Geflügel, Meeresfrüchte
- 2 bis 8 Jahre; Weiße 3 bis 10 Jahre

Hunter Valley

- Sémillon, Chardonnay
- Shiraz, Cabernet Sauvignon
- Weiße: Gemüse, Geflügel, Garnelen, Fisch; Rote: Wildgeflügel, Lamm, Rind
- Weiße 3 bis 10 Jahre; Rote 2 bis 10 Jahre

Die Weintypen Neuseelands

Der größte Teil der neuseeländischen Anbaugebiete befindet sich im Osten der Nordinsel sowie im Norden der Südinsel. Das nördlichste und das südlichste Anbaugebiet trennen fast 1600 Kilometer.

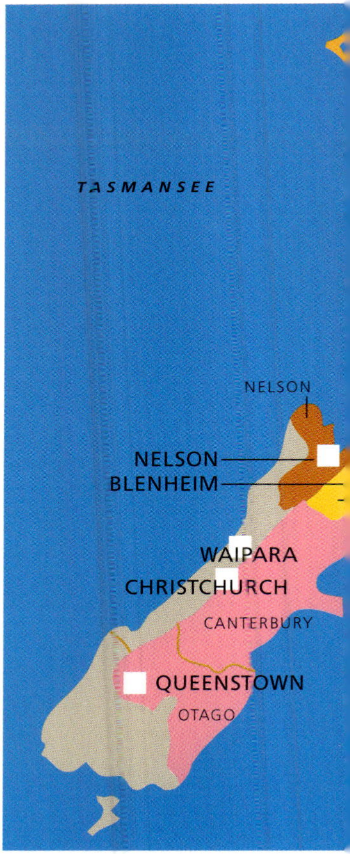

Auckland/Northland (S. 50)

- Cabernet Sauvignon, Syrah
- Ente, Lamm, Schmorbraten, Wild
- 2 bis 8 Jahre

Waikato/Bay of Plenty (S. 50)

- Cabernet Sauvignon
- Chardonnay, Sauvignon blanc, Riesling, Gewürztraminer
- Rote: Truthahn, Gans, Lamm, Wild;
  Weiße: Fisch, gebratenes Huhn, weißes Fleisch, Meeresfrüchte, Ziegenkäse, fernöstliche Küche
- Rote 3 bis 8 Jahre; Weiße 1 bis 10 Jahre

Gisborne (S. 50)

- Chardonnay, Müller-Thurgau, Muscat
- Huhn, Meeresfrüchte, Pasteten, Gemüse, Teigwaren
- 3 bis 10 Jahre

Hawkes Bay (S. 51)

- Chardonnay
- Cabernet Sauvignon, Merlot, Syrah
- Weiße: Meeresfrüchte, Geflügel;
  Rote: Ente, Lamm, Schmorbraten, Wild
- Weiße 3 bis 10 Jahre; Rote 2 bis 8 Jahre

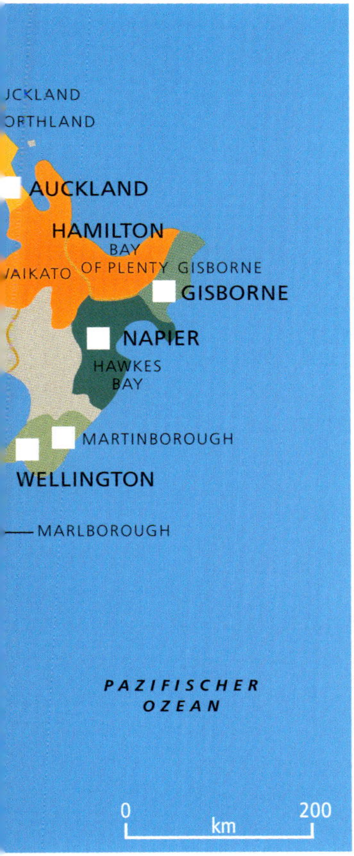

Martinborough (S. 50)

Pinot noir

Chardonnay, Sauvignon blanc, Riesling, Pinot Gris

Rote: dunkler Fisch, Kaninchen, Kalb;
Weiße: Meeresfrüchte, Geflügel, Teigwaren, Gemüse

Rote 3 bis 7 Jahre; Weiße 1 bis 10 Jahre

Nelson (S. 52)

Chardonnay, Sauvignon blanc, Riesling

Pinot noir

Weiße: Meeresfrüchte, Fisch, Geflügel;
Rote: Kaninchen, Kalb

Weiße 1 bis 10 Jahre; Rote 3 bis 7 Jahre

Marlborough (S. 52)

Sauvignon blanc, Chardonnay

Pinot noir, Merlot

Weiße: Tomaten- und Paprikagerichte, Meeresfrüchte, Fisch; Rote: Wild, Wildgeflügel, Terrinen, Pasteten

Weiße 1 bis 10 Jahre; Rote 3 bis 8 Jahre

Canterbury/Otago (S. 53)

Riesling, Sauvignon blanc, Chardonnay

Pinot noir

Weiße: Geflügel, Tomaten- und Paprikagerichte, Meeresfrüchte, Fisch;
Rote: Kalb, Kaninchen, Truthahn, Reh

Weiße 1 bis 10 Jahre; Rote 3 bis 7 Jahre

Westcoast Australia: Margaret River, Swan Valley und Mount Barker

Margaret River ist ein verführerisches Fleckchen Erde für Surfer und für Winzer. Der Küstenstreifen im Westen Australiens wurde Mitte der Sechzigerjahre des 20. Jahrhunderts für den Weinbau entdeckt.

wineries

Die englische Bezeichnung für ein Weingut oder einen Weinbaubetrieb.

Das relativ junge Anbaugebiet und »surfers paradise« Margaret River liegt rund 200 Kilometer südlich von der westaustralischen Hauptstadt Perth entfernt. Dank seines maritimen Klimas gedeihen hier Rebsorten wie Cabernet Sauvignon, Shiraz, Pinot noir, Merlot, Chardonnay, Sémillon, Riesling und Sauvignon blanc. Sie wachsen auf wasserdurchlässigem, von Kies- und Schotter bedecktem, lehmigem Untergrund und auf Böden aus verwittertem Granit und Gneis. Dachten die Winzer zunächst daran, hier ausschließlich Weißweine anzubauen, weil das von kühlen Ozeanwinden geprägte Wetter dafür ideal schien, haben die Erfahrungen der letzten Jahre gezeigt, dass diese Gegend vor allem Potenzial für ausgezeichnete Rotweine hat. Die ersten Rebhänge wurden 1967 für das Weingut Vasse Felix (S. 62) gepflanzt. Die Entwicklung weiterer Rebflächen ging hier schneller vonstatten als in den südlichen Anbaugebieten, ebenso wie die touristische Erschließung der Region. Zunächst sahen viele der hier ansässigen Weinerzeuger ihren Weinjob nur als Teilzeitbeschäftigung, doch binnen kurzer Zeit weiteten sich die Rebflächen und das Sortenspektrum aus, sodass die Erzeugung von Wein zusehends zum Fulltime-Job wurde. Die Winzer machten sich den Tourismus zunutze, öffneten ihre Keller für Führungen und organisierten Weinveranstaltungen. Der gute Ruf ihrer Weine machte schnell die Runde, und Margaret River wurde auch international zu einem Begriff.

Swan Valley ist das Hauptanbaugebiet Westaustraliens in der Nähe der Stadt Perth. Das Klima während der Wachstumsperiode der Trauben wird begünstigt durch lange und heiße Sommer mit ausreichend Niederschlägen. Die Weine sind noch nicht überteuert, aber von guter Qualität, sodass sich hier manches Schnäppchen machen lässt. Auf dem Gebiet des Weintourismus hat sich einiges getan. Mehr und mehr Weinbaubetriebe sind sich des Weininteresses der Kunden und ihrer Affinität zum Essen, Trinken und zur guten Unterhaltung bewusst.

Den Grundstein für die Weinerzeugung im Swan Valley haben jugoslawische Einwanderer gelegt, die sich zu Beginn des 20. Jahrhunderts und nach dem Zweiten Weltkrieg in der Region niedergelassen hatten. Das Swan Valley ist eine flache Gegend, in der in der Vergangenheit eher durchschnittliche Weinqualitäten erzeugt wurden. Dies hat sich jedoch mittlerweile geändert. Die wichtigsten Reben, die hier angebaut werden, sind Chenin blanc, Verdelho, Chardonnay und Shiraz. Erst in den letzten Jahren hat man die Vorzüge des kühleren, fast europäischen Klimas rund um die Stadt Mount Barker als Weinbauregion erkannt. Hier spielt der Tourismus eine weniger große Rolle, sodass die Weine im Ausland nicht ganz so bekannt sind wie die ihrer Nachbarn in Margaret River oder Swan Valley. Angebaut werden vor allem Cabernet Sauvignon und Riesling.

Vasse Felix ist eines der führenden Güter in Margaret River und wurde, wie so viele, von einem Arzt und Hobbywinzer gegründet.

Wein-Typ	★	[1]	[2]		❶[3]
Cabernet Sauvignon	★★ – ★★★★	tanningeprägt, komplex, vollmundig	Lamm, Wild, Steak	bis 10 Jahre	❸–❺
Chardonnay	★ – ★★★★	konzentriert, üppige Frucht, elegant	Fisch, Krustentiere, asiatische Küche	bis 7 Jahre	❷–❺
Sémillon (Cuvée)	★★ – ★★★	Kräuter, cremig, vollmundig	Fisch, Vorspeisen	bis 4 Jahre	❷–❸
Sauvignon blanc (Cuvée)	★★ – ★★★	frisch, grasig	Fisch, asiatische Küche	1–3 Jahre	❷–❺

[1] trinkreife Jahrgänge: S. 31; [2] ideale Speisen zum Wein: S. 59; [3] alle in den Tabellen angegebenen Preise beziehen sich auf Preise im Fachhandel, im Supermarkt sind zum Teil einfachere, günstigere Weine erhältlich

South Australia: Zentrum der Weinwirtschaft

Das älteste australische Familienweingut im Eden Valley, Yalumba, wird heute von Robert Hill-Smith (im Bild) geführt.

Etwa die Hälfte aller australischen Weine wird in den Anbaugebieten von South Australia produziert. Die 300 hier ansässigen Weingüter haben sich auf Qualitätsweinbau spezialisiert und nicht auf die Zurschaustellung prachtvoller Weinkeller.

Barossa Valley

Rund 60 Kilometer nordöstlich von Adelaide liegt eines der bekanntesten Anbaugebiete des Landes. Hier gedeihen exzellente Shiraz, im Holzfass gelagerte Sémillon sowie Cabernet Sauvignon, Grenache und Riesling. Das warme Klima mit niedriger Luftfeuchtigkeit und maßvollen Regenfällen bietet hervorragende Voraussetzungen für körperreiche Rotweine und langlebige Weiße. Der Verzicht auf künstliche Bewässerung und die Reduzierung der Fruchtbildung durch gezielten Rebschnitt führen zu Ertragsbegrenzung und hohen Qualitäten. Doch die wenigsten der hier verarbeiteten Trauben stammen aus Barossa oder den höher gelegenen bergigen Lagen (Eden Valley) selbst, die Rebfläche schrumpft zusehends. Die Größe der hier ansässigen Unternehmen reicht vom Einmannbetrieb bis zu weltweit operierenden Großkellereien. Letztere beziehen ihre Reben zum überwiegenden Teil aus unterschiedlichsten Anbaugebieten des Landes.

»Penfolds Grange« zählt zu den teuersten Weinen der Welt und ist nach wie vor Stolz des Barossa Valleys.

McLaren Vale

40 Kilometer südlich von Adelaide, rund um die Ortschaft McLaren Vale, liegt eines der bekanntesten und abwechslungsreichsten Anbaugebiete des Landes. Hier wurden 1838 erstmals Reben gepflanzt. Die Region profitiert von ihrer ausgezeichneten Lage in der Nähe

des Ozeans. Die kühlen Meereswinde sorgen dafür, dass die sommerlichen Temperaturen auf ein erträgliches Maß absinken. So vielfältig wie die Landschaft rund um McLaren Vale sind auch die Bodentypen. Sie variieren von rotbraunem, sandigem Lehm über kalkhaltige Lehmböden bis hin zu ausschließlich sandigem Untergrund. Sie sind sehr fruchtbar und bieten fast allen in Australien kultivierten Rebsorten beste Wachstumsbedingungen. Das Anbaugebiet ist bekannt für körperreiche, aromatische Rotweine und ausgesprochen fruchtbetonte Weiße. Neben der zweitgrößten Kellerei des Landes, BRL Hardy (S. 65), haben Unternehmen wie Marienberg (S. 66) ihren Hauptsitz in McLaren Vale. Daneben finden sich etwa 50 Weingüter unterschiedlichster Größe, die den Variantenreichtum und die gute Qualität der hiesigen Weine ebenfalls positiv beeinflussen.

»Wirra Wirra«, was in der Sprache der australischen Ureinwohner so viel wie »unter den Eukalyptusbäumen« bedeutet, zählt zu den besten Gütern in McLaren Vale.

Riverland

Etwa 300 Kilometer von Adelaide entfernt befindet sich eines der größten Fasswein-produzierenden Gebiete. Hier wachsen mehr als die Hälfte aller in Südaustralien kultivierten Trauben, die von den Großkellereien zu »multi-district-blends« verarbeitet werden.

Wein-Typ	★	[1]	[2]		❶
Shiraz (Barossa Valley)	★★ – ★★★★	Pfeffer, Schwarzkirsche, elegant, ausgewogen	Rind, Lamm, Pasta, Pizza	bis 9 Jahre lagerfahig	❸–❺
Sauvignon blanc (McLaren Vale)	★★ – ★★★	aromatisch, frisch, spritzig	Fisch, Huhn, asiatische Küche	1–3 Jahre lagern	❷
Chardonnay (Barossa Valley)	★★ – ★★★	aromatisch, vollmundig, komplex, würzig	Huhn, Schwein, asiatische Küche	bis 7 Jahre	❷–❹

[1] trinkreife Jahrgänge: S. 31; [2] ideale Speisen zum Wein: S. 59

Coonawarra & Padthaway

Zwischen Adelaide und Melbourne liegt eine der Pilgerstätten für Weinliebhaber: Coonawarra. Das Anbaugebiet, das man auch als »Bordeaux Australiens« bezeichnet, wird wegen seiner eleganten, komplexen, aromatischen und langlebigen Cabernet Sauvignon und Shiraz geliebt, die auf der berühmten »terra rossa«, der roten Erde, ideale Wachstumsbedingungen haben. Diesen Lehmboden findet man hier auf einer Fläche von 20 Kilometern Länge. Der Untergrund besteht aus einer Wasser speichernden Kalkschicht, die den Reben genügend Feuchtigkeit spendet.

Coonawarra ist bekannt für seinen roten Lehmboden, der den perfekten Untergrund für Rotweinreben bietet.

In Padthaway, einem jungen Anbaugebiet in der Nähe von Coonawarra, gedeihen Weißweine wie Chardonnay und Riesling am besten. Sie zählen zu den feinsten des Landes. Die Roten wie Cabernet Sauvignon und Shiraz bringen dann gute Qualitäten, wenn die Erträge strikt reduziert werden.

Adelaide Hills

Das kühle Klima rund um die Hügelkette im Osten von Adelaide mit ihren bis zu 400 Meter über dem Meeresspiegel gelegenen Weinbergen ist in etwa dem von Burgund vergleichbar. Kein Wunder, dass hier Trauben für hervorragende Chardonnays und Pinot noirs gedeihen. Doch auch Sauvignon blanc, Sémillon, Riesling, Cabernet Sauvignon und Merlot bringen gute Resultate hervor. Grund genug für bedeutende Weinproduzenten immer mehr neue Rebhänge in der sanften Hügellandschaft anzulegen.

Mehr und mehr Winzer entdecken das Potenzial der Adelaide Hills und kultivieren hier neue Weinberge.

Die sanfte Hügellandschaft des Clare Valley erinnert so manchen Reisenden an die Toskana. Allerdings hat man sich hier auf den Anbau weißer Trauben spezialisiert.

Clare Valley

Das 200 Kilometer nördlich von Adelaide gelegene Tal ist eines der ältesten und bedeutendsten Anbaugebiete Australiens. Das Klima im Winter ist regnerisch und recht frisch, im Sommer trocken und warm, und verleitet manchen Besucher dazu, von der »Toskana Australiens« zu schwärmen. Doch rote Trauben sind hier in der Minderheit. Clare Valley gilt als Australiens bestes Riesling-Anbaugebiet. Auf kalkhaltigem rotbraunem Untergrund wachsen zudem Chardonnay, Sémillon, Cabernet Sauvignon und Shiraz.

Wein-Typ	★	🍷[1]	👄[2]	▬	❶
Cabernet Sauvignon (Coonawarra)	★★ – ★★★★	Cassisaroma, komplex, lang anhaltend	Lamm, Rind, Wild	bis 12 Jahre	❸–❺
Pinot noir (Adelaide Hills)	★★ – ★★★★	Beerenaroma, fruchtig, elegant	dunkler Fisch, Schwein, Kaninchen	7 Jahre lagerfähig	❸–❺

[1] trinkreife Jahrgänge: S. 31; [2] ideale Speisen zum Wein: S. 59

Victoria: Mekka der Weintouristen

In Victoria findet jeder Weinliebhaber den passenden Tropfen. In diesem Bundesstaat wird von Ost nach West, von Nord nach Süd Wein in unterschiedlichsten Stilrichtungen angebaut. Sie reichen von frischen, geschmacksintensiven Schaumweinen und Rieslingen über elegante Chardonnays und Pinot noirs bis hin zu körperreichen Roten. Weine aus Victoria sind auf der ganzen Welt begehrt, und das zu Recht.

Chateau Tahbilk im Goulburn Valley, eines der ältesten Weingüter Victorias, ist im Besitz von Shiraz-Reben aus der Mitte des 19. Jahrhunderts (im Bild), die heute noch Früchte tragen.

Bendigo

Die kleine Region, zwei Stunden Autofahrt von Melbourne entfernt, zählt zu den bekanntesten Shiraz-Anbaugebieten Australiens. Seit den Sechzigerjahren des letzten Jahrhunderts wird hier wieder verstärkt Wein angebaut, in erster Linie roter.

Goulburn Valley

Europäische Rotweinreben wie Cabernet Sauvignon und Marsanne (vor allem an der Rhône beheimatet) finden in dieser warmen Region, 120 Kilometer nördlich von Melbourne entfernt, beste Wachstumsbedingungen. Die Weine sind opulent und schwer und besitzen ausgesprochen feine Fruchtaromen und Tiefe. Die wichtigsten Produzenten sind Chateau Tahbilk (S. 66) und Mitchelton (S. 67).

Reblaus

Im späten 19. Jahrhundert hatten viele Anbaugebiete in Victoria mit der Reblausplage zu kämpfen. Dieses aus Amerika eingeschleppte Insekt, das die Wurzeln der Pflanze befällt und vernichtet, ist einer der größten Feinde der europäischen Kulturreben (vitis vinifera).

Mildura

Im Grenzgebiet der Bundesstaaten Victoria und New South Wales hat sich rund um die Stadt Mildura ein kleines Anbaugebiet etabliert, dessen heißes Klima mit einer hohen Zahl an Sonnenscheinstunden eine Vielzahl unterschiedlichster Rebsorten wachsen lässt. Das Land ist flach mit einigen sanften Erhebungen und ganz eindeutig auf die Produktion von Massenweinen ausgerichtet. Das Wasser des Murray River sorgt für ausreichend Feuchtigkeit in den Rebzeilen, die sich zu Hunderten aneinander reihen. Dennoch konzentrieren sich einige Weinerzeuger wie Lindemans (S. 64) oder Mildara Blass (S. 67) auf die Produktion von ausgesprochen guten Flaschenweinen.

Die Mitchelton-Rieslinge gehören zu den besten des Landes.

Mornington Peninsula

Auf der südlich von Melbourne gelegenen Halbinsel wird erst seit den frühen Siebzigerjahren des letzten Jahrhunderts Wein angebaut. Die Böden variieren zwischen leichtem Lehmboden und schwerem rotem Untergrund vulkanischen Ursprungs. Das Klima ist maritim, mit geringen Unterschieden zwischen den höchsten und tiefsten Temperaturen des Jahres. Alle hier ansässigen Winzer sind ausgesprochene Enthusiasten und setzen auf Qualität statt Quantität. Vor allem Pinot noir und Chardonnay sind ihre favorisierten Rebsorten.

Rutherglen

Das weitläufige Gebiet im Nordosten Victorias liegt rund um den Murray River. Es zählt zu den quantitativ bedeutendsten Anbaugebieten Australiens. Das Klima ist kontinental mit einer recht großen Differenz zwischen Jahreshöchst- und Jahrestiefsttemperaturen.

Wein-Typ	★	🍷🍷[1]	👄[2]	▬	➊
Shiraz (Bendigo)	★★ – ★★★★	fruchtig, pfeffrig, rauchig, konzentriert	Rind, Lamm, Kaninchen	bis 8 Jahre	➌–➍
Cabernet Sauvignon (Goulburn Valley)	★★ – ★★★★	Cassisaroma, Kirsch, rund, vollmundig	Wildente, Lamm, Rind	bis 8 Jahre	➌–➎
Chardonnay (Mildura)	★★ – ★★★	fruchtig, körperreich	Fisch, Huhn, Schwein, asiatische Küche	2–4 Jahre	➋

[1] trinkreife Jahrgänge: S. 31; [2] ideale Speisen zum Wein: S. 59

Die Süßweine von de Bortoli aus dem Yarra Valley haben schon bei so mancher Blindprobe berühmte französische Sauternes aus dem Rennen geworfen. Das zweite Weingut im Besitz der Familie befindet sich in New South Wales.

Yarra Valley

Direkt hinter Melbourne erstreckt sich eines der bekanntesten Gebiete für die Produktion von australischem Pinot noir. Doch auch Chardonnay liebt das kühle Klima des Yarra-Tals. Die Durchschnittstemperaturen liegen weit unter denen von Bordeaux oder Burgund. Zudem kommen erstklassige Cabernet-, Merlot- und Shiraz-Weine aus dieser Gegend. Sie präsentieren sich jedoch weit weniger opulent als ihre Kollegen aus den wärmeren Regionen. Bereits im 19. Jahrhundert zählte das Yarra Valley zu den wichtigsten Anbaugebieten des Landes. Nach dem Rückgang der Weinindustrie dauerte es jedoch bis zum Beginn der 1990er-Jahre, bis sich der gute Ruf als Weinbauregion wieder festigte. Die Bodenformationen lassen sich in zwei unterschiedliche Typen aufteilen: Auf der nördlichen Seite des Tals findet man sandigen, tonhaltigen und leicht sauren Untergrund mit guter Wasserdurchlässigkeit, der Süden ist geprägt von tiefgründigem, fruchtbarem Boden vulkanischen Ursprungs.

Great Western

Der kleine Landstrich nördlich von Melbourne hat sich vor allem wegen seiner außergewöhnlich guten Schaumweine einen Namen gemacht. Top-Produzent ist die Kellerei Seppelt mit Dependance im Eden Valley (S. 64). Die leichten, wenig fruchtbaren Böden sind zum Teil recht sauer und ton- oder kalkhaltig und bringen elegante Schaumweine, spritzige Rieslinge und würzig-samtige Shiraz hervor.

Pyrenees

Das Anbaugebiet befindet sich östlich von Great Western unterhalb einer Hügelkette, die Weinbau bis zu einer Höhe von 460 Metern über dem Meeresspiegel ermöglicht. Im warmen Klima wachsen vor allem Cabernet-Sauvignon- und Shiraz-Reben für körperreiche, würzige Weine. Die schweren Böden eignen sich hervorragend für rote Gewächse, die leichteren Sandsteinböden zeigen ideale Bedingungen für weiße Rebsorten.

Fast die Hälfte aller in Tasmanien produzierten Weine stammt aus den Kellern von »Pipers Brook«.

Tasmanien

Die Insel Tasmanien, im Süden des Kontinents gelegen, ist Australiens kühlstes Anbaugebiet. Weinbau konzentriert sich in erster Linie auf den geschützten Norden der Insel rund um die Stadt Launceston und auf den Südosten rund um die Hauptstadt Hobart. Vor allem das kühle, maritime Klima an der Ostküste eignet sich hervorragend für die Kultivierung von Pinot-noir-Reben. In guten Jahren kommen aus windgeschützten Zonen auch hervorragende Cabernet Sauvignons von der Insel. Zudem gibt es Chardonnays und Rieslinge von beachtenswerter Güte. 70 der rund 110 hier ansässigen Weingüter produzieren ihre Weine unter dem eigenen Label. Sie verkaufen ihre Weine nicht an Großkellereien, sondern füllen sie selbst in Flaschen. Eines der wichtigsten Standbeine der Winzer ist die Produktion von Schaumweinen, vor allem in der Region um die Städte Pipers River und Pipers Brook.

Wein-Typ	★	🍷[1]	👄[2]	▬	❶
Pinot noir (Yarra Valley)	★★ – ★★★★	Erdbeer- und Pflaumenaromen, üppig, würzig	Kalb, dunkler Fisch, Kaninchen	bis 9 Jahre	❹–❺
Pinot noir (Tasmanien)	★ – ★★★	dunkelrot, würzige Pflaumenaromen, Kirsch, lang anhaltend	Kalbfleisch, Kaninchen	bis 10 Jahre	❹
Cabernet Sauvignon (Great Western)	★★ – ★★★	Cassis, Brombeer, fruchtig, samtig, elegant, sanfte Tannine	Lamm, Wild, Leber	bis 8 Jahre	❸

[1] trinkreife Jahrgänge: S. 31; [2] ideale Speisen zum Wein: S. 59

New South Wales: Hot, hot, hot

Im Hunter Valley liegt die Zentrale von Rosemount, einer der größten Kellereien des Landes.

James Busby

Der Vater der australischen (und neuseeländischen) Weinwirtschaft pflanzte Anfang der Dreißigerjahre des 19. Jahrhunderts mit einigen Gefolgsleuten die ersten Reben im Hunter Valley.

Edelfäule

Der Schimmelpilz »Botrytis cinerea«, der die Trauben bei ausreichend Luftfeuchtigkeit im Herbst befällt, sorgt dafür, dass sie rosinenartig einschrumpfen und die Konzentration der Inhaltsstoffe steigt. Sie bilden das Ausgangsmaterial für feinste Süßweine.

In keinem anderen australischen Bundesstaat wohnen so viele Menschen wie in New South Wales. Doch weit gefehlt, wenn man glaubt, dass hier auch am meisten Wein angebaut wird. Nur 20 Prozent der für die Flaschenproduktion verwendeten Trauben wachsen in den hiesigen Anbaugebieten.

Hunter Valley

Etwa 160 Kilometer nördlich von Sydney liegt das bekannteste und meistbesuchte Anbaugebiet von New South Wales. Durch seine, für australische Verhältnisse, stadtnahe Lage wird es in weintouristischer Hinsicht ebenso stark frequentiert wie beispielsweise das Barossa Valley. Der größte Teil der Rebfläche befindet sich im Lower Hunter Valley. Hier haben sich die Weinerzeuger auf die Rebsorten Sémillon, Chardonnay und Shiraz spezialisiert. Das Upper Hunter Valley beheimatet die gleichen Sorten.

Das Klima scheint für die Kultivierung von Reben im ersten Moment völlig ungeeignet, da es oftmals unerträglich heiß ist. Doch ein recht hoher Anteil an Luftfeuchtigkeit, die regelmäßig aufziehende Wolkendecke in der zweiten Tageshälfte und ausreichend Niederschläge während der Vegetationsphase lassen das Projekt Weinbau nicht scheitern.

Riverina

Einst ausschließlich Massenanbaugebiet, kommen heute aus Riverina auch feine trockene Flaschenweine und süße Dessertweine. Die Gegend ist ausgesprochen trocken, und so müssen die Weinberge alle künstlich bewässert werden. Dadurch wird Australien jedes Jahr mit einer zuverlässigen Menge von aromatischen Trauben versorgt, die als Ausgangsmaterial für viele im Ausland bekannte australische Weine dienen. Neben Sémillon wird hauptsächlich Chardonnay angebaut. Riverina ist im Ausland auch als Heimat für ausgesprochen köstliche, konzentrierte Weine mit Edelfäule bekannt. Den Grundstein dafür legte man im Weingut von de Bortoli (S. 66) im Jahr 1982. Die Süßweine haben das Augenmerk der Weinliebhaber auf sich gezogen und ließen Riverina von da an in einem neuen Licht erscheinen.

Ganz so idyllisch geht es heute nicht mehr bei Mount Pleasant zu. Das Weingut gehört zu den Großen des Hunter Valleys, auch hinsichtlich der Erträge.

Mudgee

Das Hinterland des Hunter Valley beheimatet vor allem Rotweinreben. Die Shiraz- und Cabernet-Sauvignon-Weine sind tiefrot und sehr aromatisch. Die Temperaturen sind ähnlich wie im Hunter Valley, es regnet im Herbst jedoch nur sehr selten. Um das Mudgee-Weinsiegel zu erhalten, müssen die Weine zu 100 Prozent aus der auf der Flasche angegebenen Rebsorte und ausschließlich aus der Region stammen.

Wein-Typ	★	🍷[1]	👄[2]		❶
Sémillon (Hunter Valley)	★★ – ★★★★	Zitrus, Vanille, vollmundig, elegant	Geflügel, Krustentiere, Fisch	bis 10 Jahre	❺
Chardonnay (Hunter Valley)	★★ – ★★★★	von fruchtig und saftig bis opulent und gehaltvoll	Gemüse, Geflügel, Garnelen, Fisch	bis 6 Jahre	❷–❺
Dessertwein (Riverina)	★★★★ – ★★★★★	Aromen von Aprikosen und Dörrobst, gehaltvoll, lebendige Säure	Terrinen, Blauschimmelkäse	über 10 Jahre haltbar	❹
Shiraz (Hunter Valley)	★★ – ★★★★	elegant, kraftvoll, feines Tannin	Wildgeflügel, Lamm, Rind	bis 8 Jahre	❷–❺
Cabernet Sauvignon (Hunter Valley)	★★ – ★★★★	würzig, kräftig, konzentriert, angenehme Tannine	Lamm, Rind	gut 10 Jahre haltbar	❷–❺

[1] trinkreife Jahrgänge: S. 31; [2] ideale Speisen zum Wein: S. 59

Inseln der Kontraste

Auf der Nordinsel gibt es drei größere Anbaugebiete und diverse kleine. Noch haben Letztere international kaum Bedeutung, weil die Mengen der dort erzeugten Weine so gering sind, dass sich der Export bisher nicht lohnt.

Auckland/Northland

Nordöstlich und nordwestlich der größten Stadt des Landes gedeihen auf rotbraunem Lehm vulkanischen Ursprungs Chardonnay, Cabernet Sauvignon und Merlot. Der größte Teil der Anbauflächen ist im Besitz größerer Kellereien. Zu den bedeutendsten gehören Montana (S. 69) und Villa Maria (S. 69), die ihre Zentralen in Auckland haben. Das Klima ist warm mit einem hohen Anteil an Luftfeuchtigkeit. Die Rotweine, die auf Waiheke Island, einer vor Auckland liegenden Insel, wachsen, zählen für viele Liebhaber des schweren Bordeaux-Stils zu den besten des Landes.

Weitere Anbaugebiete

Auch in Waikato, der Bay of Plenty und in Martinborough werden Weine angebaut, die jedoch häufig nur auf dem nationalen Markt zum Verkauf kommen.

Gisborne

Im Osten der Nordinsel, in der so genannten Bay of Poverty, liegt die Anbauregion, die lange Zeit unter dem Ruf als Neuseelands Massenweinbaugebiet zu leiden hatte. Die Schwemmlandböden hier sind außergewöhnlich fruchtbar und die Rebanlagen flach, sodass die besten Voraussetzungen für die Produktion hoher Erträge gegeben waren. Heute werden auch einige bemerkenswerte Premium-Qualitäten angeboten, und Gisborne gilt bei den Einheimischen als Chardonnay-Hauptstadt Neuseelands. Die Weine sind fruchtig und saftig, mit Aromen von Pfirsichen, Melonen und Ananas. Weitere wichtige Rebsorten sind Müller-Thurgau, Muscat und Sémillon.

Hawkes Bay

Südwestlich von Gisborne erstreckt sich eine der ältesten Weinbauregionen Neuseelands, deren Tradition bis ins 19. Jahrhundert zurückreicht. Noch heute in Betrieb ist Mission (S. 68), das älteste Weingut des Landes, ein um 1850 von Ordensleuten gegründetes Haus. Zweitältestes Unternehmen (gegründet um 1880) und architektonisches Kleinod ist Te Mata Estate (S. 69). Von hier stammen einige der besten Weine Neuseelands.

Hawkes Bay verzeichnet im Allgemeinen die zweithöchste Sonnenscheindauer des Landes und bietet ideale Voraussetzungen für den Rebbau. Das Klima ist vom nahen Meer beeinflusst, mit einer stets kühlen Brise, sodass die Reben langsam ausreifen können und dennoch einen optimalen Reifegrad erreichen. Sie wachsen auf fruchtbaren, schweren Schwemmland- und trockenen Kiesböden. Chardonnay, Cabernet Sauvignon, Merlot, Sauvignon blanc und Pinot noir sind die Favoriten der Winzer.

Auf Waiheke Island, der idyllischen Insel vor Auckland, spielt Wein eine tragende Rolle.

Die Hawkes-Bay-Weine von Te Mata sind bei Weingenießern in aller Welt begehrt und haben fast Kultstatus erreicht.

Wein-Typ	★	🍷[1]	👄[2]	Lagerung	❶
Chardonnay (Hawkes Bay)	★★ – ★★★★	Pfirsich-, Grapefruitaromen, konzentriert	gegrilltes Geflügel, Meeresfrüchte	bis 4 Jahre	❷–❹
Sauvignon blanc	★★ – ★★★★	Melonen-, Nektarinenaroma, reif, klassisch	Jakobsmuscheln, Languste, vegetarische Gerichte	1–3 Jahre	❷–❸
Cabernet Sauvignon/ Merlot	★★ – ★★★★	Cassis-, Brombeeraroma, wuchtig, komplex, weiches Tannin	Lamm, Wild, Ente, Pasta	bis 8 Jahre	❸–❺

[1] trinkreife Jahrgänge: S. 31; [2] ideale Speisen zum Wein: S. 59

Die Südinsel: cloudy and green

Dank des kühleren Klimas auf der Südinsel sind die Unterschiede zwischen den Weinen aus Süd und Nord eindeutig schmeckbar.

Nelson

In Nachbarschaft zum Abel Tasman National Park, einer eindrucksvollen und wunderschönen Küstenregion im Norden der Südinsel, befindet sich eines der jüngeren Anbaugebiete Neuseelands. Die stets frische Brise aus der Tasman Bay und die für die Südinsel höchste Niederschlagsmenge pro Jahr lassen rund um die Stadt Nelson hauptsächlich Chardonnay, Sauvignon blanc, Riesling und Pinot noir gedeihen. Die Böden sind geprägt von nährstoffarmen Kieseln und gelb-grauem Lehm.

Auch wo neuseeländische Anbaugebiete einige Kilometer vom Meer entfernt liegen, hat der Ozean lichtbündelnde und wärmespeichernde Wirkung auf die Reben.

Marlborough

Weiter östlich, rund um die Stadt Blenheim, liegt Neuseelands größtes Anbaugebiet mit der höchsten Sonnenscheindauer des ganzes Landes (2395 Stunden pro Jahr). Dachte man bis in die Siebzigerjahre des letzten Jahrhunderts, dass es in der Ebene vor der sanft geschwungenen Richmond-Bergkulisse für den Anbau von Reben zu kalt sei, hat der experimentierfreudige Weingigant Montana (S. 69) 1973 das Gegenteil bewiesen. Noch heute besitzt Montana in Marlborough die größte Rebfläche, obwohl viele renommierte Betriebe seinem Vorbild gefolgt sind und Dependancen oder eigenständige Weingüter gegründet haben (Cloudy Bay, S. 69; Hunters, S. 70; Corbans, S. 68). Die relativ hohen Temperaturschwankungen zwischen Tag und Nacht und geringe Niederschläge während der Lese lassen die Weine besonders frisch und aromatisch werden. Das Rebenspektrum ist das gleiche wie in Nelson, wobei der Sauvignon blanc in Marlborough an erster und nicht an zweiter Stelle steht.

Wein-Größen auf der Südinsel: Hermann Seifried (oben) und Michael Selaks (unten).

Canterbury und Central Otago

Das Anbaugebiet Canterbury im mittleren Osten der Südinsel ist in zwei Regionen untergliedert: die kühlere Ebene rund um die Stadt Christchurch und die sanften Hügel von Waipara, eine Autostunde von Christchurch entfernt. Bekannt für seine außergewöhnlich guten Chardonnays und Rieslinge ist das von drei deutschen Brüdern gegründete Weingut Giesen (S. 70). Darüber hinaus findet man die auf Kalkböden angebauten Pinot noirs aus der Gegend um das Städtchen Waipara bei Weinproben in Neuseeland immer wieder auf den oberen Medaillenrängen.

Das südlichste Anbaugebiet der Welt, Central Otago, bleibt bisher den experimentierfreudigen Winzern vorbehalten. Die Sonnenscheindauer pro Jahr ist zwar ausreichend, aber die Sommer sind sehr kurz, sodass den Reben nur wenig Zeit zur Reife bleibt. Dennoch fühlen sich Pinot noir, Chardonnay und Riesling auf den Böden alpinen Ursprungs recht wohl.

Wein-Typ	★	[1]	[2]		❶
Chardonnay	★★ – ★★★★	Haselnuss-, Pfirsich- und Zitrusnoten, elegant, konzentriert, feine Säure	Meeresfrüchte, Fischgerichte, Huhn, asiatische Küche	bis 4 Jahre	❷–❹
Sauvignon blanc	★★ – ★★★★	spritzig, frisch, Passionsfrucht, Paprika, Stachelbeere, feine Säure	Fisch, Meeresfrüchte, Paprikagemüse	jung am schönsten	❷–❸
Pinot noir	★★ – ★★★★	fruchtbetont, Schwarzkirsch- und Pflaumenaroma, elegant, langlebig	Kalb, Truthahn, Fasan	bis 8 Jahre	auf Anfrage beim Importeur

[1] trinkreife Jahrgänge: S. 31; [2] ideale Speisen zum Wein: S. 59

DE BORTOL
Windy Pea
VICTORIAN
RHINE RIESLING

Die perfekte Harmonie: Wein & Speisen

Good bye Britannia – so könnte man charakterisieren, was sich in den letzten Jahren in australischen und neuseeländischen Kochtöpfen getan hat. In beiden multikulturell geprägten Ländern hat man sich Anregungen in europäischen, asiatischen und afrikanischen Rezepten geholt.

In australischen und neuseeländischen Restaurants duftet es verführerisch nach internationalen Köstlichkeiten. Auf dem Esstisch hat sich tatsächlich eine Wandlung vollzogen, die da heißt: weg von der schweren, einfallslosen Küche des englischen Königreichs, hin zu fantasievollen Gerichten aus aller Welt. Seit Mitte der 1950er-Jahre, als Auswanderer wieder in verstärktem Maße Gefallen an Down under gefunden hatten und allmählich die wirtschaftlichen Beziehungen zu den südostasiatischen Ländern ausgebaut wurden, ist eine neue Art der australischen und neuseeländischen Küche entstanden. Den Köchen ist es gelungen, mediterrane, afrikanische und südostasiatische Rezepte mit regionalen Zutaten zu variieren und zu verfeinern.

Und Zutaten findet man in Hülle und Fülle. Obst, Gemüse, Fisch, Meeresfrüchte, Lamm, Rind – in Australien und Neuseeland gibt es heute kaum etwas, was es nicht gibt. Dafür haben die Einwanderer gesorgt. Obst und Gemüse, das sie aus ihrer Heimat kannten und in ihrem neuen Zuhause vermissten, wurde kurzerhand angebaut und bis heute kultiviert. Sie brachten ihre Pizzas, Tapas, Kebabs, Dim-Sums oder Sushis mit, die von der einheimischen Bevölkerung begeistert angenommen wurden.

Links: Auch in kulinarischer Hinsicht haben Australien und Neuseeland einiges zu bieten. Und Wein ist immer mit dabei. Der heimische natürlich.

Feinschmeckers paradise

Auch wenn die Kombination der Zutaten eher internationaler Art ist, die Grundprodukte selbst sind heimisch: fangfrischer Fisch wie *snapper* oder *hapuku*, *greenlipped-mussels* (Grünlippen-Miesmuscheln), *scallops* (Jakobsmuscheln), *crayfish* (Langusten), *lobster* (Hummer), *pacific oysters* (Austern), weltberühmtes Lamm- und Rindfleisch oder *wallabies* (kleine Känguru-Art). Sie alle sind Garant für immer neue Geschmackserlebnisse und harmonieren mit den einheimischen Weinen.

Aus dem Meer auf den Tisch: Krusten- und Schalentiere stammen aus heimischen Gewässern.

Spritzige, frische Weiße, Schaumweine

Aromatische, junge Sauvignon blancs oder Rieslinge und feine »sparkling wines« passen hervorragend zu Fisch und Meeresfrüchten. Auch *sushi* oder *satays* (Spieße), die der asiatischen Küche entstammen, können hervorragend zu spritzigen Weinen schmecken.

Voluminöse Weiße

Die opulenten Chardonnays, die im Barriquefass ausgebaut wurden, und gehaltvolle Sémillons eignen sich zu *atlantic salmon* (Seelachs), Hummergerichten, Schwert- und Thunfisch oder Pasta mit kräftigen Fischsaucen. Unbedingt probieren sollte man diese Weine oder auch Gewürztraminer zu asiatischen Gerichten. Hierbei kann man immer wieder den berühmten »Aha-Effekt« erleben.

Leichte, fruchtige Rote

Picknicks und Barbeques gehören zum australischen und neuseeländischen »way of life«. Gegrilltes Gemüse, gegrillter Fisch, gegrilltes Fleisch, all diese Köstlichkeiten verlangen nach leichten bis mittelschweren, unkomplizierten Weinen wie jungem Cabernet Sauvignon, Pinot noir oder Shiraz mit zarten Holzaromen.

Gehaltvolle Rote

Die eleganten, samtigen »full-bodied«-Weine mit ihren intensiven Beeren- und feinwürzigen Holzaromen lassen die Zunge jubilieren, wenn sie mit Lamm, Wild (*venison*, *hare*), Wildgeflügel (*wild duck*, *guinea fowl*) oder Kängurufleisch kombiniert werden. Zu höchstem Genuss gelangt man, wenn sich die Aromen des Weines im Essen widerspiegeln. Dies gelingt zum Beispiel dann, wenn die Saucen mit dem zum Essen servierten Wein verfeinert sind.

In Neuseeland gibt es rund 50 Millionen Schafe. Das Lammfleisch wird mittlerweile in die ganze Welt exportiert und genießt höchstes Ansehen. Kein Wunder, schließlich grasen die Tiere das ganze Jahr über auf der Weide und werden kaum mit Getreide gefüttert.

Süßweine

Auch wenn sich Genießer bei der Kombination von Wein & Speisen heutzutage nicht mehr an strenge Dogmen wie »weißer Wein zu weißem Fleisch« halten müssen, gibt es einige Empfehlungen, die helfen, das Zusammenspiel von Essen und Wein zu perfektionieren. Dies gilt zum Beispiel auch bei der Auswahl von Süßweinen. Da sich süße Komponenten gegenseitig aufheben, sollte man einen süßen Wein am besten mit Desserts oder Kuchen kombinieren. Besonders geeignet sind *meringues* (Baisers) oder die weltberühmte *pavlova* (traditionelles Baiser-Früchte-Dessert). Hervorragend passt ein edelsüßes Gewächs jedoch auch zu Blauschimmel- oder Ziegenkäse, da die Bitterstoffe durch die Süße des Weines gemildert werden.

Obwohl es fast 20 000 Kilometer entfernt liegt, scheint Deutschland zuweilen recht präsent, zumindest kulinarisch.

Welche Weine zu welchen Speisen?

Weintypen	**Weine**
aromatischer, trockener Weißwein, Schaumwein	Sauvignon blanc, Riesling, Müller-Thurgau, Chardonnay (ohne Barrique), sparkling wine
gehaltvoller Weißwein	Chardonnay (Barrique), Gewürztraminer, Sémillon
leichter, unkomplizierter Rotwein	einfache Pinot noir, Merlot, Cabernet Sauvignon
voluminöser Rotwein	Cabernet Sauvignon, Shiraz/Syrah der besten Erzeuger
Süßwein	Late-harvest wines, botrytised wines

Zur Wahl der Jahrgänge: siehe Trinkreife-Tabelle S. 31

Australische/Neuseeländische Speisen	Speisen generell	
Kaikoura Tail (Langusten mit würziger, roter Sauce), Sounds Cod (Barsch aus den Marlborough Sounds), Barbequed Octopus (gegrillter Oktopus)	als Aperitif, zu Meeresfrüchten, Fischgerichten, leichten Vorspeisen	
Smoked Baby Chicken (gebratenes Huhn), Clam Chowder (Muschelsuppe), Atlantic Salmon (Lachs), Yabbies with Coconut Milk (Flusskrebse mit Kokossauce)	gebratener Fisch, Quiches, Geflügel, Omelettes	
Chicken and Veal Terrine (Hühnchen-Kalbfleisch-Terrine), Spiced Couscous (gewürztes Couscous), Pizza	Kalbsragout, Hackbraten, Crostini, gebratenes Gemüse	
Steak and Mushroom Pie (Rindfleisch-Pilz-Pastete), Kangoroo Fillet with Kumara (Kängurusteak mit Süßkartoffeln), Lamb Fillets (Lammfilets)	Kaninchen, Wildgerichte, Pilzgerichte	
Blue Cheese (Blauschimmelkäse), Pavlova, Macadamia Nut Cake (Makadamianusskuchen) Pumpkin Scones with Feijoa Jelly (Kürbisgebäck mit Feijoa-Früchte-Gelee), Passionfruit Bavarois (Bayerische Creme mit Passionsfrucht)	Gänseleberpastete, Kuchen, Cremes, süße Nachspeisen	

CULLEN
WINES
WELCOME
Wine & Food

Die schönsten Güter, die besten Weine

Auch wenn Australien und Neuseeland noch recht kleine Weinnationen sind, gibt es einige Hundert Weingüter und Kellereien. Viele der bekannten Unternehmen haben Vertriebspartner in den deutschsprachigen Ländern und es werden ständig mehr. Sie finden Weine aller Preiskategorien im Fachhandel oder beim Weinversender, im Supermarkt werden häufig nur die einfachen Qualitäten angeboten.

Alle Weingüter, die wir in diesem Buch porträtiert haben, sind für die beständige Qualität ihrer Weine bekannt. Die Klassifizierung ★ – ★★★★★ besagt, dass beim genannten Weingut die ganze Palette vom leichten Trinkwein bis zu internationalen Spitzengewächsen zu bekommen ist. Die Preise für diese Weine erfahren Sie aus den genannten Preissymbolen ❶ – ❺. Was genau sich hinter den Symbolen ★ – ★★★★★ und ❶ – ❺ verbirgt, können Sie auf Seite 33 nachlesen.
Viele der genannten Betriebe können Sie besuchen. Aus diesem Grund finden Sie bei allen Weingütern eine Ortsangabe. Wenn Sie einen Betrieb besichtigen möchten, lesen Sie bitte auf Seite 72 nach, worauf Sie achten sollten.

Am Puls der Zeit

Preise, Qualitäten und Beurteilungen eines Weines können sich von Jahrgang zu Jahrgang unterscheiden. Damit Sie immer auf dem neuesten Stand sind, bietet die Vinoteca einen besonderen Service: Auf unserer Homepage im Internet finden Sie unter der Adresse http://www.vinoteca.falken.de eine Seite mit den jeweils aktuellen Weinbeschreibungen, die von professionellen Verkostern betreut wird.

Links: Viele Weingüter halten ihre Kellertüren tagsüber zum Besuch oder zur Verkostung offen.

Die Preise beginnen bei etwa 9 Mark für einfache Sauvignon blancs oder Cabernet-Merlot-Cuvées, die man in dieser Preisgruppe fast ausschließlich im Lebensmittelhandel erhält. Für die besseren Qualitäten im Fachhandel muss man schon etwas tiefer in die Tasche greifen, wird jedoch hinsichtlich des Preis-Leistungs-Verhältnisses durchaus belohnt: Weißweine, die im Edelstahltank ausgebaut wurden, bekommt man ab etwa 13 Mark ❷, im Barriquefass ausgebaute Weiße sind für rund 15 bis 25 Mark ❷–❸ erhältlich, wobei es nach oben keine Grenze gibt. Barrique-Rotweine beginnen bei rund 20 bis 25 Mark, die besseren Qualitäten liegen jedoch oftmals über 40 Mark ❹–❺. Die im Folgenden porträtierten Weingüter haben bis auf wenige Ausnahmen Vertretungen in Deutschland.

WESTAUSTRALIEN

Cape Mentelle Vineyards ★★ – ★★★★★
Wallcliffe Road, Margaret River
David Hohnen hat sich 1970 als einer der ersten Winzer in Margaret River niedergelassen. Das Klima der Gegend eignet sich bestens für den Anbau von opulentem, fruchtigem Cabernet Sauvignon, der heute zu den Flaggschiffen des Hauses gehört ❹.

Chateau Xanadu ★★ – ★★★★
Terry Road, Margaret River
Im Haus von Eithne und John Logan spielt Kunst eine große Rolle. Nicht nur, dass der Name ihres Weinguts einem Gedicht entlehnt ist, alle Flaschen aus der »Art Series« werden einzeln vom Künstler Robert Lawson bemalt – und der Inhalt hält, was die Form verspricht: Der auf 1500 Flaschen limitierte Cabernet Franc ist ausgesprochen komplex und elegant ❺.

Cullen Wines ★★ – ★★★★★
Caves Road, Wilyabrup
Vanya Cullen und ihre Mutter Diana setzen auf Minimalsterträge von 35 Hektoliter pro Hektar und Handlese. Beregnung der Rebhänge ist verpönt: All ihre Weine sind opulent, dicht und schwer.

Leeuwin Estate ★★ – ★★★★★
Stevens Road, Margaret River

Dennis und Tricia Horgan gründeten 1974 ein eigenes Weingut, das heute zu den besten Australiens gehört und vor allem wegen seiner herausragenden Chardonnays Berühmtheit erlangte ❺.

Moss Wood Winery ★★ – ★★★★★
Metricup Road, Wilyabrup
Keith and Clare Mugford haben es verstanden, die Trauben auf den kieshaltigen Lehmböden mit viel Handarbeit zu pflegen und das vorhandene Potenzial der Weine noch weiter auszubauen.

Vasse Felix ★★ – ★★★★★
Corner of Caves Road and Harmans South Road, Wilyabrup

Dr. Tom Cullity war der Erste, der in Margaret River ein kommerziell wirtschaftendes Weingut gegründet hatte. Die ersten Reben wurden 1967 angepflanzt, und Vasse Felix machte sich innerhalb kurzer Zeit vor allem für seine eleganten und aromatischen Shiraz einen Namen ❺. Doch auch die übrigen Rebsortenweine finden so reißenden Absatz, dass das Weingut regelmäßig ausverkauft ist.

SÜDAUSTRALIEN

ADELAIDE HILLS

Lenswood Vineyards ★★ – ★★★★
Croft's Road, Lenswood

1995 verkaufte Tim Knappstein sein gleichnamiges Weingut im Clare Valley an Petaluma, um sich ausschließlich der Kultivierung seiner Rebhänge in den kühleren Adelaide Hills zu widmen.

Petaluma Limited ★★ – ★★★★★
Spring Gully Road, Piccadilly
Petaluma gilt weltweit als einer der besten Weinproduzenten Australiens.

BAROSSA VALLEY

Basedow Wines ★★ – ★★★★★
161–165 Murray Street, Tanunda

Heute ist Star-Önologe Grant Burge auch hier für die Bearbeitung des Traubenguts verantwortlich. Ihm ist es gelungen, Basedow an die Spitze der australischen Weinpyramide zu hieven ❸–❹.

Wolf Blass Wines ★★ – ★★★★
97 Sturt Highway, Nuriootpa
Wolf Blass war einer der ersten freiberuflichen Winzer Australiens, bevor er 1968 sein eigenes Weingut Bilyara gründete, dass noch heute Stammsitz des landesweit produzierenden Hauses ist. Blass ist ein gutes Beispiel dafür, dass man trotz großer Mengen gute Qualitäten erzeugen kann.

Elderton Wines ★★ – ★★★★★
3 Tanunda Road, Nuriootpa
Das Geheimnis der vielfach prämierten Elderton-Weine liegt in den 55 Jahre alten Weinbergen, in denen die Trauben reifen. Einer dieser Weine ist der berühmte »Elderton Command Shiraz« ❺.

Grant Burge Wines ★★ – ★★★★★
Barossa Valley Way, Jacobs Creek
1988 gründeten Helen und Grant Burge das Gut in Jacobs Creek, dessen Weine in Australien seitdem diverse Male für Aufsehen sorgten.

Peter Lehmann Wines ★★ – ★★★★
Para Road, Tanunda
Peter Lehmann gilt heute als absolute Größe im Barossa-Tal. Seine »winery« gründete er 1978 und kämpfte sich im Laufe der Jahre mit außerordentlich guten Qualitäten an die Erzeuger-Spitze. Probierenswert: »Stonewell Shiraz«, »Eight Songs Shiraz« und »Mentor« ❺.

Orlando Wines ★ – ★★★★
Barossa Valley Way, Rowland Flat
Der Name »Jacob's Creek« steht für das Aushängeschild der Orlando-Kellerei und ist Australiens weitverbreitetster Markenwein. Er wird in 40 Länder der Welt verkauft.

Penfolds Wines ★ – ★★★★★
Tanunda Road, Nuriootpa

Der erste legendäre »Grange Hermitage« im Bordeaux-Stil, der das Haus berühmt machen sollte, entstand erst 1951. Er wurde mangels Merlot-Trauben aus Shiraz gekeltert, der damals in Australien noch Hermitage hieß, und zählt heute zu den teuersten Weinen Australiens.

St. Hallett Wines ★★ – ★★★★
St. Hallett's Road, Tanunda
Seit 1988 zählt St. Hallett zu den renommiertesten Gütern Australiens. Am begehrtesten sind seine Shiraz-Weine, insbesondere der »Old Block Shiraz«, dessen Trauben von einem hundert Jahre alten Weinberg stammen.

CLARE VALLEY

Jim Barry Wines ★★ – ★★★★★
Main North Road, Clare
Das Familienunternehmen ist berühmt für seine außergewöhnlichen Shiraz-Weine, unter denen »The Armagh« zu den herausragendsten zählt. Er innert im Stil ein wenig an »Penfolds Grange«, was an seiner Opulenz und der würzigen, reifen Frucht liegt ❺. Eine Weltklasse-Rarität für besondere Anlässe.

Knappstein Wines ★★ – ★★★★
2 Pioneer Avenue, Clare
Bevor Tim Knappstein dieses Weingut gründete, beherbergte das Gebäude eine Brauerei. Heute gehört es zum Unternehmen Petaluma und konnte den Ruf als einer der renommiertesten Weinbaubetriebe Australiens weiter ausbauen. Besonders schön: der würzige »Shiraz Reserve«.

Leasingham Wines ★★ – ★★★★
7 Dominic Street, Clare
Das Traditionsweingut ist heute im Besitz von BRL Hardy und bringt einige der interessantesten Clare-Valley-Weine auf den Markt. Am schönsten sind die Shiraz, regionstypisch auch der »Bin 7 Riesling«.

COONAWARRA

Hollick Wines ★★ – ★★★★
Racecourse Road, Coonawarra

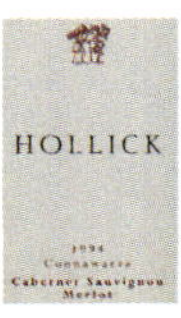

Die Trauben für die Weine von Ian und Wendy Hollick wachsen ausschließlich auf der berühmten »terra rossa«, dem tiefgründigen roten Lehmboden, für den Coonawarra bekannt ist ❸–❺.

Lindeman's ★ – ★★★★
Riddoch Highway, Coonawarra
Die Tochtergesellschaft der Southcorp-Gruppe ist vor allem für ihr gutes Preis-Leistung-Verhältnis bekannt ❶–❷.

Wynns Coonawarra Estate ★★ – ★★★★★
Memorial Drive, Coonawarra
Wynns war das erste Weingut, das in Coonawarra gegründet wurde (1891) und gehört heute zu den wichtigsten Kellereien dieses Gebietes. Ein besonders gutes Preis-Leistungs-Verhältnis bietet der »Estate Cabernet Sauvignon« ❹.

EDEN VALLEY

Henschke Wines ★★ – ★★★★★
Moculta Road, Keyneton

Cyril Henschkes Gewächse aus den Weinbergen »Mount Edelstone« und »Hill of Grace«, deren Trauben ausschließlich dort angebaut werden, machten ihn über alle Grenzen hinweg berühmt.

Mountadam Vineyard ★★ – ★★★★★
High Eden Ridge, Eden Valley
Der hier produzierte würzige Chardonnay mit intensivem Duft nach Pfirsich, Honig und Vanille ist einer von Australiens besten Weißen ❹.

Karl Seppelt ★★ – ★★★
Ross Dewells Road, Springton
Karl Seppelt tritt in erster Linie als Schaumweinproduzent in Erscheinung. Interessant sind jedoch auch die Stillweine, unter denen der würzige »Cabernet Sauvignon Springton« besonders herausragt ❸.

Yalumba Winery ★ – ★★★★
Eden Valley Road, Angaston

Die Palette im ältesten australischen Weingut im Familienbesitz reicht von preiswerteren Produkten der Marke »Oxford Landing« über »Yalumba«-Rebsortenweine gehobener Qualität wie den »Viognier Limited Release« ❸ bis hin zu herausragenden Tropfen, die unter verschiedenen Namen angeboten werden, darunter »Shiraz Octavius« oder »Shiraz The Signature«.

MCLAREN VALE

D'Arenberg Wines ★★ – ★★★★
Osborn Road, McLaren Vale

Die Weinkarte hält für jedes Budget etwas bereit, vom preiswerteren »The Footbolt Old Vine Shiraz« mit seinen typischen Pfefferaromen ❷ bis zu Spitzenqualitäten wie dem fantastischen »The Dead Arm Shiraz« ❺.

Bay Hill ★ – ★★
2 Chalk Hill Road, McLaren Vale

Bay Hill ist das zweite »label« von Marienberg Wines. Terry Hill und sein Önologe Grant Burge kaufen dafür beste Trauben von verschiedenen Vertragswinzern aus McLaren Vale und dem Barossa Valley. Das Preis-Qualitäts-Verhältnis ist absolut überzeugend: ❷.

Chapel Hill Winery ★★ – ★★★★
Chapel Hill Road, McLaren Vale
Die konzentrierten, aromatischen Roten ❸–❹ von Pam Dunsford überzeugen ebenso wie ihre Chardonnays, die es sowohl in der Barrique-Variante als auch ohne Holzfass-Ausbau gibt.

Clarendon Hills ★★ – ★★★★★
363 The Parade, Kensington Park
Weintipp für besondere Gelegenheiten: der würzige »Astralis Shiraz« mit intensivem Brombeer-, Blaubeer- und Schwarzkirschenaroma und samtigen Gerbstoffen ❺.

Cockatoo Ridge ★ – ★★
26 Kangarilla Road, McLaren Vale

Eine kleine Entdeckung am australischen Weinhimmel: Die in Deutschland erhältlichen Weine liegen alle in der Preisgruppe ❷.

Fox Creek Wines ★★ – ★★★★
Malpas Road, Willunga

Die Weine von Fox Creek, das erst 1995 gegründet wurde, haben bereits in ihrem ersten Jahr wie eine Bombe in der Weinwelt eingeschlagen und diverse Auszeichnungen erzielt.

Andrew Garrett Vineyard ★★ – ★★★
Kangarilla Road, McLaren Vale

Spezialität des Hauses ist der »Black Shiraz«, der durch sein kräftiges Bukett nach Pfeffer, Eukalyptus und Brombeeren und den perfekt eingebundenen Gerbstoff überzeugt ❷. Attraktives Preis-Leistungs-Verhältnis.

Simon Hackett Wines ★ – ★★★
Walkersville
In der »Proprietors Private Selection« von Simon Hackett, der Premiumserie seines Gutes, treten der kraftvolle »Anthony Reserve Shiraz« ❹ sowie der geschmeidige »Foggo Road Cabernet Sauvignon« ❹ besonders in Erscheinung.

Hardy's Chateau Reynella ★ – ★★★★★
Reynell Road, Reynella

Das älteste Weingut Südaustraliens beherbergt seit 1982 die Zentrale der Kellerei BRL Hardy, dem zweitgrößten Weinunternehmen des Landes. Erwähnenswert ist vor allem der fruchtige, finessenreiche »Basket Pressed Shiraz« ❹ mit gutem Lagerpotenzial.

Haselgrove Wines ★★ – ★★★★
Corner Foggos and Kangarilla Roads, McLaren Vale

Das Sortiment von Nick Haselgrove umfasst Serien verschiedener Qualitäten: Herausragend sind vor allem die Weine der »H«-Linie, Selektionsweine, die nur in außergewöhnlich guten Jahren erzeugt werden. Probierenswert auch die Weine der »Sovereign«-Serie, die trinkfertige Tropfen birgt.

Marienberg Wines ★★ – ★★★★
2 Chalk Hill Road, McLaren Vale

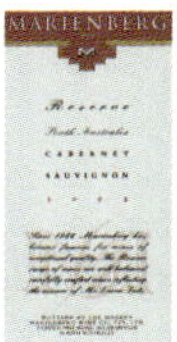

Ursula Pridham, eine der ersten australischen Frauen im Weinbusiness, gründete das Weingut 1966, seit 1991 ist es im Besitz von Jill und Terry Hill, die eine neue Epoche einleuteten. Die Preise für ihre Tropfen liegen zwischen ❸–❹.

Normans Clarendon Winery ★★ – ★★★★
Grants Gully Road, Clarendon
Im alteingesessenen südaustralischen Weingut werden Weine verschiedenster Qualitätsgruppen produziert. Sie sind anhand unterschiedlicher Bezeichnungen zu identifizieren: »Chais Clarendon« ❺, »Signature« ❹, »Old Vines« ❸ und »Whites Labels» ❷.

Tatachilla Winery ★★ – ★★★
151 Main Road, McLaren Vale

In der »Winery of the Year 1997«, die in ihrer heutigen Form erst seit 1995 besteht, produzieren die beiden Kellermeister Michael Fragos und Justin McNamee frische, fruchtige Weine, die bereits in jungen Jahren ein großes Trinkvergnügen bereiten ❷–❹.

Wirra Wirra Vineyards ★ – ★★★★★
McMurtrie Road, McLaren Vale
Die Weine besitzen Weltklasse-Niveau. Viel Wein fürs Geld bietet der »Church Block« ❸, eine Cuvée aus Cabernet Sauvignon, Shiraz und Merlot, die sich perfekt ergänzen.

RIVERLAND

Angove's ★ – ★★★★
Bookmark Avenue, Renmark
Heute gehört das Haus zu den erfolgreichsten Familiengütern Australiens. Die Palette der Weine reicht bis hin zum Premiumprodukt ❷–❸.

VICTORIA

De Bortoli Wines ★ – ★★★★★
Pinnacle Lane, Dixons Creek
Neben hervorragenden roten Cuvées macht die de Bortoli-Familie vor allem mit ihren Dessert-Weinen auf sich aufmerksam. Der »Noble One« ❹ wird international als bester Süßwein Victorias bewertet, der bei Blindproben so manchen Yquem-Jahrgang aus dem Rennen gekickt hat.

Brown Brothers Milawa Vineyard
★ – ★★★★★
Milawa

Bei Brown Brothers finden Weinliebhaber für jeden Geschmack die passende Rebsorte. Bei den Qualitäten kann man zwischen einfachen Rebsortenweinen ❷–❸, komplexen Tropfen aus der »Family Reserve«-Linie ❸–❺ und limitierten Süßweinen ❹ wählen.

Chateau Tahbilk Wines ★ – ★★★★★
Tahbilk

Das Sortenspektrum ist breit gestreut. Granatenwein ist der handgelesene »1860 Vines Shiraz«, der tatsächlich von Reben stammt, die im Jahr 1860 gepflanzt wurden ❺.

Coldstream Hills ★★ – ★★★★
31 Maddens Lane, Coldstream

James Halliday, Winzer und Australiens bekanntester Weinautor, gründete sein Weingut 1985. Die Weine des heute zur Southcorp-Gruppe gehörenden Hauses haben international einen exzellenten Ruf.

Dalwhinnie Winery ★★ – ★★★★
Taltarni Road, Moonambel
Im Herzen des Anbaugebietes gelegen, ist Dalwhinnie einer der angesehensten Produzenten für Qualitätsweine, inklusive einigen der besten Shiraz des Landes.

Mildara Blass, Merbein ★ – ★★
Wentworth Road, Merbein
William Chaffey, dessen Familie die ersten Bewässerungssysteme in dieser Gegend einführte, gründete das zum Imperium Mildara Blass gehörende Weingut 1888. Heute gibt es hier die gesamte Produktpalette aller zum Unternehmen gehörenden Weingüter zu verkosten.

Mitchelton Winery ★★ – ★★★★★
Mitchellstown, Nagambie
Der berühmte »Blackwood Park Riesling« ❷, dessen Trauben ausschließlich aus dem gleichnamigen Weinberg stammen, gilt als einer der besten australischen Weine dieser Rebsorte.

Mount Mary Vineyard ★★★ – ★★★★★
Coldstream West Road, Lilydale

Dr. John Middleton hütet seine berühmten Weine wie seinen Augapfel. Nur einmal pro Jahr kann man sie kaufen, und das ausschließlich auf Vorbestellung. Sie sind keineswegs preisgünstig, aber in jedem Fall ihren Preis wert ❺.

Yarra Yering ★★ – ★★★★
Briarty Road, Coldstream
Inhaber Dr. Baily Carrodus legt größten Wert auf die Pflege seiner Weinberge und strikte Ertragsminderung.

NEW SOUTH WALES

Rosemount Estate ★★ – ★★★★★
Rosemount Road, Denman
In dieser Gegend wachsen einige der feinsten Weißweintrauben für die hauseigene Chardonnay-Produktion ❺. Das Material für die Roten stammt nicht aus dem Hunter Valley, sondern wächst unter anderem in Anbaugebieten wie Coonawarra oder McLaren Vale.

Tyrrell's Vineyards ★ – ★★★★
Broke Road, Pokolbin

Das älteste Weingut des Tales zählt heute mit zu den größten Weinproduzenten des Landes. Tyrrell's hat vor allem für seine Weißweine viele internationale Auszeichnungen erhalten.

TASMANIEN

Meadowbank Wines ★★ – ★★★
Glenora

Probierenswert ist der »Henry James Pinot noir« ❹, der nur in außergewöhnlich guten Jahren abgefüllt wird. Der komplexe, finessenreiche Wein mit seinem Duft nach Kirschen und Zedernholz bereitet viele Jahre Trinkgenuss.

Moorilla Estate Winery ★★ – ★★★★
655 Main Road, Berriedale
Der Betrieb zählt zu den besten Weingütern Südtasmaniens. Vor allem die Chardonnays und Pinot noirs sind von ausgezeichneter Qualität.

Pipers Brook Vineyard ★★ – ★★★★
1216 Pipers Brook Road, Pipers Brook
40 Prozent der in Tasmanien produzierten Weine kommen aus dem Keller von Dr. Andrew Pirie. Er hat sich auf den Anbau von weißen Trauben wie Chardonnay, Riesling, Pinot gris (Grauburgunder) und Gewürztraminer spezialisiert.

NEUSEELAND/NORDINSEL

Ata Rangi ★★ – ★★★★★
Puruatanga Road, Martinborough
Das Weingut gilt für viele Weinliebhaber als bester Pinot-noir-Produzent Neuseelands.

Babich ★★ – ★★★★★
Babich Road, Henderson
Im Familienbetrieb der Babichs besteht die Hälfte der Gesamtproduktion aus Sauvignon blanc ❷, der in Marlborough angebaut wird. Aushängeschilder sind jedoch Cabernet-Merlot ❹ und Chardonnay ❹, die aus den Irongate-Weinbergen in der Hawkes Bay stammen.

Corbans Wines ★ – ★★★★★
426–448 Great North Road, Henderson

Corbans gehört einem großen Brauereikonzern an und ist der zweitgrößte Weinproduzent Neuseelands. Es werden dementsprechend zwar viele einfache Qualitäten erzeugt, das Spitzensegment bleibt jedoch nicht unbesetzt. Erstklassig: die »Cottage Block«-Weine.

Cross Roads ★★ – ★★★★
1747 Korokipo Road, Fernhill
Der etablierteste Wein im Cross-Roads-Portfolio ist sicherlich der komplexe »Talisman«, eine Cuvée aus diversen Rotweinen unbekannter Art. Ein interessanter, aber nicht ganz billiger Wein ❺. Nicht ganz so eindrucksvoll, aber dennoch von sehr guter Qualität sind der gefällige Cabernet-Merlot ❷ und der aromatische, fruchtige Pinot noir ❷–❸.

Johner & Schubert
57 Cambridge Road, Martinborough
Für Karl-Heinz Johner, den badischen Star-Winzer, bietet Neuseeland die geeigneten klimatischen Voraussetzungen, um Pinot noir der Spitzenklasse zu erzeugen. Die ersten Ergebnisse wird man 2002 probieren können.

Kemblefield Estate Winery ★★ – ★★★
Aorangi Road, Hastings
1992 hatte sich der Amerikaner John Kemble dazu entschlossen, mit einigen Partnern in Neuseeland Wein zu produzieren. Heute gilt das Gut als kleiner Geheimtipp auf der Nordinsel ❸–❹.

Kumeu River ★★ – ★★★★★
550 State Highway 16, Kumeu

Das Weingut ist eines der wenigen, das ausschließlich Traubengut aus Kumeu River für die Weinproduktion verwendet. Der Familienbetrieb ist vor allem für seine hervorragenden Chardonnays bekannt.

Martinborough Vineyard ★★ – ★★★★★
Princess Street, Martinborough
Der komplexe »Pinot noir Reserve« ist nicht nur bestes Pferd im Stall, sondern auch einer der besten Blauburgunder des Landes.

Matua Valley Wines ★★ – ★★★★
Waikoukou Valley Road, Waimauku

Die Qualität der Weine aus einem der wichtigsten heimischen Weingüter ist sehr gut, einige sind sogar hervorragend – insbesondere die »Ararimu«-Serie, bei fair kalkulierten Preisen.

Mission Estate Winery ★★ – ★★★
198 Church Road, Taradale
Drei Linien prägen das Angebot: vom einfacheren »Mission Estate«, über die »Reserve« bis hin zur Premium-Marke »Jewelstone« ❷–❹.

Montana ★ – ★★★★★

171 Pilington Road, Glen Innes

Montana wurde 1944 von dalmatinischen Auswanderern gegründet und hat sich im Laufe der Jahre vom kleinen Weingut zum Weinimperium entwickelt. Aufgrund der Unternehmensvielfalt ist Montana in der Lage, die Palette vom einfachen Markenwein ❶–❷ bis hin zum Spitzenprodukt ❺ zu bestücken.

Nobilo ★ – ★★★★

Station Road, Huapai

Die Nobilo-Gruppe ist international vor allem bekannt für ihren »White-Cloud«, eine Cuvée aus Müller-Thurgau und Sauvignon blanc, die je nach Exportmarkt in verschiedenen Süßegraden angeboten wird. Mit verschiedenen Premium-Qualitäten (»Icon«- und »Grand Reserve«-Linie) hat man sich jedoch auch im oberen Segment einen Platz erobert ❷–❸.

Sanderson ★ – ★★

41 Trotters Road, Hastings

Ken Sanderson, der sich 1998 nach langjähriger Tätigkeit als Kellermeister von Cross Roads selbstständig machte, hat neben Chardonnay und einem »Sparkling Pinot noir« 1999 einen Sangiovese vinifiziert, der die neuseeländische Weinwelt stark beeindruckte.

Stonyridge Vineyard ★★ – ★★★★★

80n Onetangi Road, Waiheke

Stephen White keltert unter anderem den teuersten Wein des ganzen Landes, »Larose«, der trotz seines hohen Preises von umgerechnet 100 Mark ab Hof reißenden Absatz in der ganzen Welt findet (sofern man welchen bekommt).

Te Mata Estate ★★ – ★★★★★

Te Mata Road, Havelock North

Begehrt bei Weinliebhabern in aller Welt sind der elegante »Chardonnay Elston« ❹ und das Juwel »Cabernet-Merlot Coleraine« ❺, dessen Trauben aus Weinbergen stammen, die mindestens zehn Jahre alt sein müssen.

Villa Maria Estate ★★ – ★★★★★

5 Kirbride Road, Mangere

Der Betrieb gehört zu den »Großen Drei« des Landes, unabhängige Tochterunternehmen sind Esk Valley und Vidal's. Die Produktpalette reicht vom sauberen, einfachen »Private Bin« bis hin zu den »Reserve«-Weinen, die nur in ausgesprochen guten Jahren gekeltert werden ❷–❺.

Waiheke Vineyards ★★ – ★★★★

76 Onetangi Road, Onetangi

Einer der Wein-Stars der Insel, der sich auf zwei Weine konzentriert: »Te Motu« ❺ und »Dunleavy« ❸, beides Cuvées aus Cabernet Sauvignon und Merlot.

West Brook Winery ★★ – ★★★

Ararimu Valley Road, Waimauko

Die Top-Marke des Weinguts heißt »Blue Ridge«. Probieren sollte man aber auch den schweren, aromatischen Sauvignon blanc – Holzfass-vergoren – und den konzentrierten Cabernet- Merlot aus der Estate-Serie ❷–❹.

NEUSEELAND/SÜDINSEL

Cloudy Bay ★★ – ★★★★★

Jackson Road, Blenheim

In aller Welt gilt der exotisch-fruchtige Sauvignon blanc ❸ von Cloudy Bay als Flaggschiff des Landes. Auch sehr fein: Chardonnay ❹.

Giesen ★★ – ★★★★
Burnham School Road, Christchurch
Das größte Weingut Canterburys setzt auf Expansion. Die drei deutschstämmigen Giesen-Brüder haben das Ziel, in Marlborough ein zweites Weingut zu gründen, um die Nachfrage nach Sauvignon blanc aus dieser Region zu befriedigen.

Gillan Estate Wines ★★ – ★★★
190 Rapaura Road, Blenheim
Die Produktion von Schaumweinen liegt Terry und Tony Gillan ganz besonders am Herzen. Der »Brut Méthode Champenoise« ❸ aus Pinot noir und Chardonnay ist äußerst angesehen.

Hunter's Wines ★★ – ★★★★
Rapaura Road, Blenheim
Die reifen Sauvignon blancs, im Holzfass oder im Edelstahltank ausgebaut, gehören beide zu den Weinattraktionen von Jane Hunter.

Johanneshof ★★ – ★★★

State Highway 1, Koromiko
Die große Leidenschaft der »flying winemakers« Edel Everling und Warwick Foley gehört der Produktion ihres exzellenten Schaumweins »Emmi«, aber auch ihre Stillweine sind erwähnenswert ❸–❹.

Nautilus Estate ★★ – ★★★★
Corner Blicks Road and Highway 6, Blenheim

Das Weingut genießt mittlerweile den Ruf als eines der besten Güter Neuseelands. Am bekanntesten sind der frische, spritzige Sauvignon blanc ❸, der leicht nussige Chardonnay ❸ und der Schaumwein nach Champagner-Vorbild ❹, der 1999 als bester neuseeländischer Sekt ausgezeichnet wurde.

Saint Clair ★★ – ★★★
739 New Renwick Road, Blenheim
Vom aromatischen Sauvignon blanc über einen eleganten Chardonnay bis hin zum vollmundigen Merlot sind die Weine bekannt für ihr gutes Preis-Leistungs-Verhältnis ❷–❸.

Allan Scott Wines and Estate ★★ – ★★★
Jackson Road, Blenheim

Die Weine von Allan Scott, allen voran Sauvignon blanc ❸ und Chardonnay ❹, sind zum baldigen Genuss gedacht. Sie überzeugen durch ihre frischen, tropischen Aromen (Sauvignon) und gut eingebundenen Holznoten (Chardonnay).

Seifried Estate ★★ – ★★★★
Redwood Road, Appleby
Empfehlenswert: »Winemakers Collection Nelson Riesling«, ein kraftvoller, ausbalancierter Wein mit intensiven Fruchtaromen ❸.

Selaks ★★ – ★★★★
Sockburn, Christchurch
Das Weingut gehört heute der Nobilo-Gruppe und hat seine Kellerei, die einst in Auckland lag, nach Marlborough verlegt, der Stammsitz befindet sich in Sockburn. Am berühmtesten sind die Premium-Weißweine. Sie zählen mit zu den besten Neuseelands.

Te Mania Estate ★★
McShane Road, Richmond
Die Weine gehören noch zu den Geheimtipps des Landes.

Twin Island ★★ – ★★★
Corner Blicks Road and Highway 6, Blenheim

Unter dem Zweitetikett von Nautilus werden Sauvignon blanc, Chardonnay, Merlot-Cabernet-Sauvignon, Pinot noir und Schaumwein angeboten ❷.

Vinoteca-Empfehlungen

In dieser Tabelle finden Sie Weine verschiedener Preisgruppen und Qualitäten, die wir für besonders erwähnenswert erachten – leider können wir keine Garantie dafür übernehmen, dass diese Weine noch lieferbar sind, und ihre Qualität kann von Jahr zu Jahr schwanken. Je nachdem, wo Sie die Weine kaufen, können Preisunterschiede auftreten.

Weinname	🍷	★	❶	🍾	👄
Penfold's Grange »Bin 95«, Penfold's (S. 63)	kraftvoll, würzig, ausdrucksstark, konzentriert	★★★★★	❺	mindestens 12 bis 15 Jahre liegen lassen	Wildpastete, Schmorbraten, Ragout
Coonawarra Cabernet Sauvignon, Wynns (S. 64)	duftet nach dunklen Beeren und Eukalyptus, rassig, vollmundig	★★★★	❹	kann 15 Jahre lagern	Wildpastete, Lammkeule, Wildgeflügel
Elderton Shiraz, Elderton (S. 63)	Cassis, Gewürze, großes Potenzial	★★★★	❹	sollte erst nach 6–7 Jahren geöffnet werden	dunkles Fleisch, Schmorgerichte
Vasse Felix Shiraz, Vasse Felix (S. 62)	würzig, fruchtig, seidige Tannine	★★★★	❺	kann 15 Jahre lagern	Grill- und Schmorgerichte, dunkles Geflügel
Ata Rangi Pinot noir, Ata Rangi (S. 68)	würzig, Pflaume, Kirsche, perfekt ausbalanciert	★★★★★	❺	kann 4 Jahre lagern	Huhn in Rotweinsauce, Kaninchen, Schmorgerichte
Leeuwin Art Series Chardonnay, Leeuwin (S. 62)	Steinobst- und Honigaromen, komplex, langer Abgang	★★★★★	❹–❺	kann weit über 10 Jahre lagern	kräftige Fischsuppe, asiatische Gerichte, Truthahn
Tatachilla Chardonnay, Tatachilla (S. 66)	reife Melone, Pfirsich, Honig, gehaltvoll	★★★★	❷	kann 6 Jahre liegen	Garnelencurry, gegrilltes Fleisch, kräftige Fischgerichte
Montana Marlborough Sauvignon blanc, Montana (S. 69)	Paprika- und Stachelbeeraromen, frisch, ausgewogen	★★★★	❷	2 Jahre lagerfähig	Spargel, Ratatouille, Fisch
Mission Hawke's Bay Riesling, Mission Estate Winery (S. 68)	Zitrusaromen, aromatisch, halbtrocken	★★★	❷	kann 4 Jahre lagern	als Aperitif, zu Geflügelleberpastete
Yalumba Viognier Limited Release, Yalumba (S. 64)	betörendes Aroma, wuchtig, harmonisch	★★★	❸	kann 7 Jahre gelagert werden	als Aperitif, zu indischen Gerichten
De Bortoli Noble One, de Bortoli (S. 66)	aromatisch, lebendige Säure, feine Süße, komplex	★★★★★	❹	sollte mindestens 5 Jahre lagern	Gänseleberpastete, Blauschimmelkäse

Gut einkaufen

VOR ORT

Beim Winzer

Beim Erzeuger macht der Einkauf am meisten Freude. Dies gilt auch für australische und neuseeländische Weine, doch man kommt schließlich nicht einfach mal so dort vorbei. Wenn Sie also nach Down under reisen und Weingüter besuchen möchten, sollten Sie ein paar Dinge beachten. In beiden Ländern können Sie im Prinzip bei fast jedem Erzeuger einkaufen. Damit Sie nicht vor verschlossenen Türen stehen, sollten Sie sich jedoch vorher nach den Öffnungszeiten und den Einkaufsmöglichkeiten erkundigen. Am besten vereinbaren Sie einen festen Termin, damit man sich Ihren Wünschen auch gebührend widmen kann.

Die Preise sind auf jeden Fall niedriger als im Fachhandel, da keine Frachtkosten berechnet werden. Bei kleineren Gütern oder Genossenschaften können Sie unter Umständen ein Schnäppchen machen, wenn Sie vor Ort einkaufen, da viele Weine gar nicht in den Export gelangen.

Vorsicht Hitzestau

Achten Sie bei einer Reise im Sommer und im Winter darauf, Ihren gekauften Wein nicht übermäßig lange im Mietwagen liegen zu lassen. Starke Temperaturschwankungen sind der Qualität nicht sonderlich zuträglich. Kaufen Sie ihn lieber erst am Ende einer Reise oder lagern Sie ihn an einem geeigneten Platz zwischen.

IM WEINFACHHANDEL

Im Fachgeschäft

Hier gehen Sie auf Nummer sicher. Die Fachhändler sind meist auf einige Anbaugebiete oder Länder spezialisiert und kennen ihre Ware. Wenn Sie einen Händler gefunden haben, der auf australische und neuseeländische Weine spezialisiert ist, werden Sie merken, dass die fachliche Betreuung hier ganz groß geschrieben wird. Auch für Sammler oder Raritätensuchende ist der Fachhandel besonders geeignet, denn wenn es um die Beschaffung seltener Weine geht, sind Sie hier an der richtigen Stelle.

Bewertung der Einkaufsquellen

Ort	Sortiment	Probiermöglichkeit	Preis	Lieferservice	Beratung
Erzeuger, Kellerei	beschränkt auf die Gutsweine	sehr gut	entsprechend Klassifikation	ab bestimmter Menge	sehr gut
Fachgeschäft	gut bis sehr gut	je nach Angebot	je nach Schwerpunkt	kaum	gut bis sehr gut
Versender	gut bis sehr gut	nur bei Probeanforderung	durch Versandkosten etwas höher	nur Lieferservice	gut
Messe	je nach Schwerpunkt	in der Regel gut bis sehr gut	meist nur Ordermöglichkeit	keiner	sehr gut
Supermarkt	im unteren Preissegment breites Angebot	nur bei Aktionen	je nach Angebot	keiner	gering bis gut

Im Weinversandhandel
Weinversender sind mittlerweile über die ganze Bundesrepublik verstreut und die georderten Weine sind in der Regel in wenigen Tagen bei Ihnen – auf Wunsch sogar über Nacht. Das Einkaufserlebnis beschränkt sich bei dieser Art des Weinkaufs jedoch lediglich auf die freudig erwartete Lieferung. Fragen Sie nach Probelieferungen, die oftmals zu einem Sonderpreis angeboten werden.

Bei Messen
Auch auf Weinmessen, die nicht ausschließlich einem Fachpublikum vorbehalten sind, können Sie Weine ordern. Achten Sie jedoch darauf, Ihre Auswahl sorgfältig zu treffen und sich nicht von einem eifrigen Verkäufer überrumpeln zu lassen. Hier gilt die Devise: kühlen Kopf bewahren.

Im Supermarkt
Mittlerweile haben Kaufhäuser und der Lebensmitteleinzelhandel in Bezug auf Wein mächtig zugelegt. Häufig gibt es kleine Vinothek-ähnliche Bereiche mit einem außergewöhnlich guten Sortiment. Wenn Sie fachkundige Beratung wünschen, werden Sie in den meisten Fällen fündig. Vor allem große Kaufhaus-Ketten legen Wert darauf, ihr Personal aus den Lebensmittelabteilungen zu schulen und sind sich des Stellenwertes der Weine bewusst.

FRAGEN AN DEN VERKÄUFER

Nachdem Sie dieses Buch gelesen haben, wissen Sie eine Menge über australische und neuseeländische Weine, die Weingüter, die Jahrgänge, den Anbau. Folgende Fragen zum Erzeuger Ihrer Wahl und seinen Weinen sollten Sie beim Einkauf stellen.

- Aus welchen Rebsorten stammt der Wein und wie hoch ist ihr jeweiliger Anteil? (S. 18–21)
- Auf welchem Boden sind die Reben gewachsen und welche Auswirkung hat er auf den Wein? (S. 22–23)
- Hat man die Trauben mit der Hand geerntet oder wurden sie mit der Maschine gelesen? (S. 24–25)
- Wie lange lag der Wein auf der Maische und wie lange dauerte der Gärungsprozess? (S. 26–27)
- Wie wurde der Wein ausgebaut: im Edelstahltank, im Holzfass, im Barriquefass? (S. 28–29)
- Um welche Art von Produzenten handelt es sich: Winzer oder Kellerei? Ist es ein Traditionsbetrieb? (S. 28–29)
- War es ein außergewöhnlicher Jahrgang? (S. 30–31)
- Um welche Art von Wein handelt es sich: jung, alt, leicht, schwer? Zu welchem Essen passt er am besten? (S. 58–59)
- Ist der Wein zum sofortigen Genuss gedacht oder sollte er gelagert werden? (S. 30–31)

Klug einkellern: Weine von Down under

Wenn Sie sich in Ihrem Weinkeller oder -regal ein Sortiment australischer und neuseeländischer Weine anlegen möchten, gibt es ein paar Dinge, die Sie beachten sollten. An erster Stelle steht die Temperatur: Achten Sie darauf, dass Ihre Weine während der Lagerung keinen großen Temperaturschwankungen ausgesetzt sind. Generell gilt: Lieber das ganze Jahr über bei 18 °C gelagert, statt im Sommer bei 25 und im Winter bei 8 °C. Als idealen Wert erachtet man eine Temperatur von 10 bis 12 °C.

Planungsphase

Bevor Sie Ihre Weine kaufen, sollten Sie sich über den Stellenwert, den australische und neuseeländische Weine für Sie haben und über Ihr Budget im Klaren sein. Anhand unten stehender Übersicht können Sie testen, wie wichtig Ihnen die Weine sind:

	30	20	10	Punkte
Wie wichtig sind Ihnen die Weine?	Ich trinke sie sehr gerne.	Sie sind mir nicht so wichtig.	Sie schmecken mir nicht.	
Haben Sie geeignete Lagermöglichkeiten?	Kellerraum	Abstellkammer	Regal	
Wie viel Wein trinken Sie pro Woche?	über 4 Flaschen	bis zu 4 Flaschen	weniger als 2 Flaschen	
Gesamtpunktzahl				

Nun können Sie die Gesamtpunktzahl mit den folgenden Beispielen vergleichen. Wir haben einige Weine für Sie zusammengestellt, die Ihnen einen kleinen Anhaltspunkt geben sollen, welche Weine man für welchen Preis bekommt. Weitere Vorschläge zu den Weinen finden Sie in unserem Kapitel über die einzelnen Weingüter, Seite 62 ff.

80–90 Punkte

Sie sind Weinkenner und lieben australische und neuseeländische Weine. Sie haben eine Faible für Spitzenweine und sollten in Ihrem Weinkeller eine eigene »Down-under«-Abteilung einrichten. 1590 DM/795 € müssen Sie dafür ausgeben. Unser Sortimentsvorschlag:

12 Flaschen Tank-Weißwein ❷–❸	DM 280,–
12 Flaschen weiße Sonntagsweine ❷–❹	DM 360,–
12 Flaschen einfache Rotweine ❷–❸	DM 300,–
12 Flaschen rote Sonntagsweine ❹–❺	DM 500,–
6 halbe Flaschen Edelsüße ❸	DM 150,–
54 Flaschen total	DM 1590,–

50–70 Punkte

Sie trinken Down-under Weine sehr gerne und sollten sich ein breites Sortiment anlegen. Ausgeben müssen Sie dafür etwa 795 DM/397 €. Sortimentsvorschlag:

6 Flaschen Tank-Weißwein ❷–❸	DM 140,–
6 Flaschen weiße Sonntagsweine ❷–❹	DM 180,–
6 Flaschen einfache Rotwein ❷–❸	DM 150,–
6 Flaschen rote Sonntagsweine ❹–❺	DM 250,–
3 halbe Flaschen Edelsüße ❸	DM 75,–
27 Flaschen total	DM 795,–

20–40 Punkte

Für Sie haben Down-under-Weine keinen außergewöhnlichen Stellenwert. Sie sollten ein paar Flaschen im Keller haben, die sich lagern lassen und ab und an eine davon öffnen, wenn Ihnen danach ist. Mit 260 DM/130 € sollten Sie rechnen. Sortimentsvorschlag:

6 Flaschen einfache Tankweine weiß/rot ❶–❷	DM 80,–
3 Flaschen weiße Sonntagsweine ❸	DM 75,–
3 Flaschen rote Sonntagsweine ❸–❹	DM 105,–
12 Flaschen total	DM 260,–

Richtig servieren

Zum Weingenuss gehört das richtige Glas. Leichte Weine sollte man aus schmalen Gläsern trinken. In ihnen gelangen die feinen Aromen gebündelt in Nase und Gaumen. Körperreiche Gewächse vertragen etwas mehr Platz im Glas, um die Aromastoffe voll zu entfalten, und bevorzugen die etwas bauchigeren Varianten. Dessertweine haben ein zartes Bukett und schmecken deshalb aus kleineren Kelchen am besten.
Generell gilt: Je voluminöser ein Wein, umso größer darf das Weinglas sein.

Tipp zum Spülen der Gläser
Die meisten der heute handelsüblichen Gläser können Sie getrost in die Spülmaschine stellen. Manche Erzeuger empfehlen dies sogar, da die Gefahr hier nicht so groß ist, dass ein Glas zerbricht, wie beim Spülen mit der Hand. Geben Sie möglichst wenig Reinigungsmittel in die Maschine und wischen Sie die Gläser sofort nach dem Spülgang mit einem sauberen, fusselfreien Tuch trocken. So vermeiden Sie Schlieren.

Achten Sie auf die richtige Ausschanktemperatur. Die Tabelle unten gibt Auskunft. Zu kühl ist in jedem Fall besser als zu warm. Bei Zimmertemperatur, die ja meist über 20 °C liegt, erwärmen sich die Weine im Glas rasch und die Trinktemperatur steigt schnell um einige Grade an.

8 – 10 °C	Weißweine
10 – 12 °C	Roséweine
12 – 14 °C	einfache Rotweine
14 – 16 °C	gehaltvolle Rotweine
16 – 18 °C	wuchtige Rotweine

Ein bauchiger Kelch für edle Rotweine.

Ein schlanker Rotweinkelch für Alltagsweine.

Ein schlanker Kelch für trockene, junge Weißweine.

Ein voluminöses Weißweinglas für Weine mittlerer Säure und reifere Tropfen.

BEZUGSQUELLEN

Importeure, Weinfach- und Versandgeschäfte mit gutem Australien/Neuseeland-Sortiment (* überregionale Anbieter oder Versender):

10179 Berlin, Wakefield Wines,
Tel. 0 30/27 56 01 00
12161 Berlin, Vineyard,
Tel. 0 30/85 99 99 01
20539 Hamburg, Max Piehl,
Tel. 0 40/78 13 13
20539 Hamburg, Weinkellerei Max Burkhardt,
Tel. 0 40/7 80 93 40
22299 Hamburg, JHF Kaven Jr.,
Tel. 0 40/47 20 91
22769 Hamburg, RS Weinimport,
Tel. 0 40/85 31 15 70
22769 Hamburg, Tophi Warenhandelsgesellschaft, Tel. 0 40/8 53 11 50
23795 Bad Segeberg, Segeberger Weinimport,
Tel. 0 45 51/8 39 07
25436 Tornesch, Hawesko*,
Tel. 0 41 22/50 44 33
28195 Bremen, Eggers & Franke,
Tel. 04 21/3 05 30
28217 Bremen, Eggers Sohn,
Tel. 04 21/69 15 30
28217 Bremen, Reidemeister & Ulrichs,
Tel. 04 21/3 99 40
28844 Weyhe, A. Segnitz & Co.,
Tel. 0 42 03/8 13 00
29549 Bad Bevensen, Heinz Eggert,
Tel. 0 58 21/70 22
30159 Hannover, Mike's Place,
Tel. 05 11/32 99 99
34134 Kassel, Weinhandlung Apell*,
Tel. 05 61/3 16 07 17
35039 Marburg, Die Weinrebe,
Tel. 0 64 21/48 51 54
40233 Düsseldorf, Wine Island Weinimport,
Tel. 02 11/7 30 84 42
40882 Ratingen, The Australian Wine Company,
Tel. 0 21 02/70 86 51
41063 Mönchengladbach, N & M Weine,
Tel. 0 21 61/20 49 40
45549 Sprockhövel, Boda Weinhaus,
Tel. 0 23 24/97 13 77
46532 Dinslaken, Weinagentur Manietzki,
Tel. 0 20 64/5 83 69
47139 Duisburg, Bührmann Weine,
Tel. 02 03/9 91 09 30
50677 Köln, Weinstraße Adolph,
Tel. 02 21/31 24 13
51149 Köln, Les Amis du Vin,
Tel. 0 22 03/93 50 40
53227 Bonn, Wein Wolf,
Tel. 02 28/4 49 62 30
53340 Meckenheim, Schlumberger,
Tel. 0 22 25/92 50
54202 Trier, Firmengruppe
Bernard-Massard/Langenbach,
Tel. 06 51/7 19 60
55411 Bingen, Reh Kendermann,
Tel. 0 67 21/90 10
59192 Bergkamen, Das Neuseelandhaus*,
Tel. 0 23 07/8 60 75
63165 Mühlheim/Main, Australian Wine
Selection,
Tel. 0 61 08/7 31 17
65183 Wiesbaden, Veuve Clicquot,
Tel. 06 11/5 89 50
65239 Hochheim, Frankhof Kellerei,
Tel. 0 61 46/90 30
65385 Rüdesheim, G & M Grosvenor
Winebrokers,
Tel. 0 67 22/26 05
65462 Ginsheim, Müller-Maruhn,
Tel. 0 61 44/3 20 46
65521 Niedernhausen, A. Michel Weinimport,
Tel. 0 61 27/27 60
65719 Hofheim/Ts. DC Gesellschaft für
Weinimporte,
Tel. 0 61 92/2 09 70
69120 Heidelberg, Macha Weine & Feines,
Tel. 0 62 21/41 28 83
73277 Owen/Teck, Mack & Schühle,
Tel. 0 70 21/5 70 10

76228 Karlsruhe, Dr. Strieth Selection,
Tel. 0 72 21/47 47 29
80802 München, Remmt,
Tel. 0 89/3 61 94 40
81545 München, Golden Grape Wein Vertrieb,
Tel. 0 89/6 42 22 31
86067 Augsburg, deuna Handelsgesellschaft,
Tel. 08 21/74 77 00
86150 Augsburg, Weinkellerei Bayerl,
Tel. 08 21/3 66 13
95158 Kirchenlamitz, Jürgen Bertl Weinimport und Vertrieb,
Tel. 0 92 85/9 12 12

ADRESSEN IN AUSTRALIEN

Vorwahl Australien: 00 61

Australian Wine and Brandy Corporation
555, The Parade
PO Box 595
Magill, SA 5072
Tel. 8 83 64 28 28, Fax 8 83 64 51 51

Australian Wine Export Council
Wine Industry House
555, The Parade
Magill, SA 5072
Tel. 8 83 64 13 88, Fax 8 83 64 22 90

Australian Wine Research Institute
PO Box 197
Glen Osmond, SA 5064
Tel. 8 83 03 66 00, Fax 8 83 03 66 01

Wine Tours Australia Pty. Ltd.
PO Box 1567
Milton, QLD 4064
Tel. 7 32 02 89 80, Fax 7 32 02 61 82

ADRESSEN IN NEUSEELAND

Vorwahl Neuseeland: 00 64

Wine Institute of New Zealand Inc.
PO Box 90276
Auckland Mail Centre
Tel. 93 03 35 27, Fax 93 02 29 69

ADRESSEN IN DEUTSCHLAND

Australian Wine Bureau
Grüneburgweg 58–62
60322 Frankfurt/Main
Tel. 0 69/90 55 84 00, Fax 90 55 84 09

Australian Tourist Commission
Neue Mainzer Str. 22
60311 Frankfurt/Main
Tel. 0 69/27 40 06 77, Fax 27 40 06 40

Australische Botschaft
Friedrichstr. 200
10117 Berlin
Tel. 030/8 80 08 83 52, Fax 8 80 08 83 51

Neuseeländische Botschaft
Friedrichstr. 60
10117 Berlin
Tel. 0 30/20 62 10

New Zealand Tourism Board
Fremdenverkehrsamt
Rossmarkt 11
60311 Frankfurt/Main
Tel. 0 69/9 71 21 10

Australischer Wein im Internet:
www.wineaustralia.com.au
www.winetitles.com.au

Neuseeländischer Wein im Internet
www.nzwine.com

INDEX

Im FALKEN Verlag sind zahlreiche Titel zum Thema »Wein« erschienen. Sie finden sie überall dort, wo es Bücher gibt.

Sie finden uns im Internet:
www.falken.de und www.vinoteca.falken.de

Dieses Buch wurde auf chlorfrei gebleichtem und säurefreiem Papier gedruckt.

Der Text dieses Buches entspricht den Regeln der neuen deutschen Rechtschreibung.

ISBN 3 8068 7565 0

Umschlaggestaltung: Peter Udo Pinzer
Konzept: Dr. Gerhard Kebbel
Redaktion: Sabine Rumrich, Nieder-Olm Ingo Swoboda, Eltville a. Rhein
Schlussredaktion: Regine Gamm
Herstellung: Christina Dinkel
Karten: Hubertus Hepfinger, Freising
Umschlagfoto: Fotografie Friedemann Rink/Susa Kleeberg, Naurod
Fotos und Illustrationen im Innenteil: Australian Wine Bureau, Frankfurt/Main; Faber & Partner, Düsseldorf; FALKEN Verlag; W. Feiler, Karlsruhe; U. Kopp, Füssen; TLC, Vehlen-Ramsdorf; Vinum, das internationale Weinmagazin; Wissing

Satz: FROMM MediaDesign GmbH, Selters/Ts.
Litho: Lithotronic, Frankfurt am Main
Druck: Ernst Uhl, Radolfzell

817 2635 4453 6271